과학의 숨은 시간

김상훈 지음

북스힐

이 책에 대하여

2017년 전에 발간한 『과학의 쉬는 시간』(북스힐)이 재미와 지식을 둘 다 잡았다는 과분한 평을 들으며 과학기술정보통신부에 의해 대학/일반 분야 우수도서로 선정되기도 하였다. 유튜브에서 천문학과 생물학 강의를 즐겨 들으며 관심 있는 주제가 나오면 세부 내용을 찾아보기도 하던 취미가 결국 책으로 연결되었다.

평소 블로그에 써 놓은 글 중에 고등학교 재학생 수준 이상이면 이해가 가능한 내용들로서 흥미가 있을 만한 것들로 100개를 선정하였다. 전문 용어를 쓰고 동시에 괄호 안에 영어를 표시한 것은 더 공부할 사람들에게 찾아보기 쉽게 하기 위함이다.

이전의 『과학의 쉬는 시간』이 시간적 전개에 중심을 두었다면, 이번에 출간하는 책은 공간적 전개에 중심을 두었다. 그래서 이전 책에 대응하는 제목을 찾다 보니, 과학은 멀리 있는 것이 아니고 내 옆에 바로 숨어 있다는 뜻으로, 『과학의 숨은 시간』으로 정했다.

이전 책은 과거의 비중이 컸으나, 이 책에서는 현재와 미래의 비중을 높였다. 두 책의 내용은 가능한 한 겹치지 않게 했는데 기초적인 내용은 이전 책에 더 많다. 하지만 지나치게 전문적인 내용을 피해 더 많은 사람들이 편안하게 읽을 수 있도록 하였다.

전체를 독립된 소주제로 구성했기 때문에 앞에서부터 순서대로 읽을 필요가 없고 아무데서나 재미있는 곳부터 읽으면 된다. 소주제에 여러 분야가 섞여있기 때문에 다 읽을 필요도 없고 자신에게 흥미 있는 분야만 골라 읽으면 된다.

우주의 모습, 생물의 진화, 인류의 발전, 교육과 미래 등 4개의 부로 구성되어 있는데, 부별 내용을 간단히 소개하면 다음과 같다.

- **1부:**〈우주의 모습〉에서는 태양계와 우주의 진화에 관한 최근 이야기들을 담았다. 전반부는 태양계 이야기고 후반부는 태양계 밖 외계 행성들과 여러 별에 관한 이야기다.
  우리가 우주를 공부하는 것은 결국 지구를 더 잘 이해하기 위함이다. 따라서 나는 지구과학과 천문학은 같다고 본다. 이 글을 읽는 과정에서 독자들은 지구와 우주의 경이로움에 많은 흥미를 느끼게 될 것이다. 실제로 지구의 미래는 외계에 있다.

- **2부:**〈생물의 진화〉에서는 지구의 역사를 기술하여 이후 이해에 도움이 되도록 하였다. 생물의 역사란 곧 지구의 역사이기 때문이다. 크게 보면 생물학은 지구과학의 일부다. 지구상 생명체의 진화 과정을 다루는데 지구 역사의 위대함과 고귀함을 느끼고, 생물학의 아름다움에 빠질 것이다.

- **3부:**〈인류의 발전〉에서 이전 책에서 많은 부분을 차지했던 인류의 진화 부분은 다루지 않았다. 마지막 빙하기 이후를 주로 다루었다. 인류의 발전에 우리 역사를 빼놓을 수 없으므로 우리 역사

를 일부 담았다. 만일 이 우리 역사 관련 내용을 이미 다 아시는 분이 계신다면 한국사의 전문가가 틀림없다. 또 현재의 과학 기술과 문명의 발전을 중점적으로 다뤘다.

- 4부:〈교육과 미래〉는 이전 책에는 없던 분야로 내 교육에 대한 경험과 생각을 담은 전반부와, 최근의 내 연구 분야를 소개한 후반부로 구성되어 있는데, 학생들을 생각하며 쓴 부분이다. 처음에는 이 부분을 넣을 생각이 없었는데, 내 작은 경험이 학생들에게 조금이라도 도움이 될 수 있을 것 같아, 주변의 만류에도 불구하고 넣기로 하였다.

흔히들 책은 유익하고 재미있어야 하는데 이 둘이 서로 모순이라 이를 동시에 실현하기가 어렵다고 한다. 하지만 유익하지 않으면 재미도 없어 지루해져 읽기를 중단하게 되므로, 재미있어야 책 속에 빠져들어 유용한 지식을 얻는다. 따라서 나는 유익함과 재미는 결국 만나게 되는 같은 것이라고 본다.

이 책을 쓰면서 항상 생각했던 것은 읽고 나면 읽기 전과 무엇인가가 긍정적으로 달라지고 도움이 되었으면 좋겠다는 것이었다.

이 책을 작년에 90회 생신을 맞으신 아버님께 바친다.

2024년 7월

김상훈

차례

3부 인류의 발전

4부 교육과 미래

1부

우주의 모습

2023년 5월 25일 고흥군 외나로도 누리호 3차 발사 장면. 과거에는 바다로 먼저 나가는 나라가 강국이 되었으나 지금은 우주로 먼저 나가는 나라가 강국이 된다.

01 / 우주의 시작 전과 끝 너머

인류의 역사는 해와 달, 그리고 별을 보며 시작했다. 인류의 역사와 함께하는 우주(宇宙, universe)에 대한 가장 원초적인 궁금증 2개를 들라면 우주의 시작 전과 끝 너머에 무엇이 있느냐는 것이다.

우주는 138억 년 전에 빅뱅으로부터 생겨났다고 한다. 이후 급속히 팽창하여 오늘날의 우주가 만들어졌고 현재는 가속 팽창 중이라고 한다. 그러면 빅뱅으로 우주가 탄생하기 전에는 무엇이 있었느냐는 것이 첫 번째 궁금증이다.

또 하나의 문제는 우주가 끝이 있느냐 없느냐는 것이다. 만일 우주가 끝이 있으면 그 너머에는 무엇이 있느냐는 것이다. 끝이 있다고 해도 이상하고 없다고 해도 이상하다.

어떤 천문학 유튜버가 우주는 무한하다고 했다. 만일 우주가 무한하다면, [무한] + [무한] = [무한] 이라서 우주가 팽창한다는 것이 별 의미가 없다. 팽창이란 유한할 때만 의미 있는 개념이기 때문이다. 아니면 처음에는 우주가 유한하였는데 지금은 무한하다면 언제부터 무한하게 되었는지를 묻고 싶다.

이에 대하여 수많은 학설이 나왔고 대표적인 학설들 몇 개를 검토해 보고 내 나름대로 가장 그럴듯하다고 생각되는 학설을 찾게 되었다. 그런데 이 문제에 답하기 전에 우주가 무엇인지부터 정의해야 한다. 우주란 무엇일까?

> 우주는 '시간과 공간' 또는 '시간과 공간의 총체'를 의미하는 어휘로 크게 시간과 공간의 두 가지 개념으로 구분된다. … 나무위키
>
> 우주는 행성들, 별들, 은하들 및 기타 모든 형태의 물질과 에너지를 포함하여 모든 공간과 시간 및 그 내용물이다. … 한국위키
>
> 우주란 행성, 별, 은하계 그리고 모든 형태의 물질과 에너지를 포함한 모든 시공간과 그 내용물 모두를 통틀어 이른다. … 물리학백과

결국 우주란 "시간과 공간이 존재하는 곳"으로 정의할 수 있다. 아인슈타인 이후 시간과 공간은 분리된 것이 아니라 연결된 것으로, 시간의 단위도 광속을 곱해서 미터로 측정하고, 공간의 단위도 광속으로 나누어 초로 측정된다. 결국 시간과 공간은 하나다.

우주의 시작 전

호킹 박사의 설명에 따르면 빅뱅 이전에 무엇이 있었느냐는 질문은 시간과 공간을 분리하여 빅뱅 전에 시간만 있고 공간은 없다는 가정에 의해 물어본 것이므로 질문이 잘못되었다. 빅뱅은 공간만 만든 것이 아니고 시간도 함께 만들었기 때문이다. 즉 빅뱅 이전의 〈이전〉이란 말

이 존재하지 않는다. 시간도 빅뱅과 함께 탄생하였기 때문이다. 이 질문은 시간과 공간이 같은 것이라는 전제를 잠시 잊고 분리해 생각해서 나온 것이다.

우주의 끝 너머

우주에 끝이 있느냐 없느냐는 사실 우주의 임계 밀도에 관한 질문이다. 우주의 밀도는 부분은 측정이 가능하나 전체적으로는 현재의 기술로 측정하지 못한다.

내가 찾아본 것 중에 가장 그럴듯한 답은 아인슈타인의 끝은 없으나 유한한 우주다. 배를 타고 서쪽 끝까지 무한히 가면 어디에 도착할까? 만일 거대한 폭포가 나온다면 그 폭포를 따라 내려가면 무엇이 나올까?

우리는 이미 답을 안다. 폭포는 나오지 않으며 끝까지 가면 처음으로 되돌아온다는 것을. 지구가 팽창해도 되돌아오는 시간만 더 걸릴 뿐이 원리는 같다. 지구와 우주의 차이는 3차원이나 4차원이냐의 차원 하나의 차이다. 하지만 원리는 같아 우주에서 직선으로 무한히 갈 수 있다면 휘어진 공간을 따라 처음으로 되돌아올 것이다.

02 / 우주에서 가장 기묘한 존재, 빛

우주는 "빛이 있어라(fiat lux)." 하는 것부터 생겨났다고 한다. 즉 우주의 탄생이 빛의 탄생이니, 우주가 곧 빛이고 빛이 곧 우주라는 뜻이다. 그리고 우주는 시간과 공간으로 구성되어 있다고 한다. 그런데 여기에도 근본적인 문제가 존재한다.

(1) 광속으로 움직이는 물체는 시간이 존재하지 않는다.

빛은 전자기파의 일종으로 전기장 및 자기장과 동시에 수직으로 진동하는 방향으로 진행하는 횡파의 일종이다. 빛 알갱이(광자, photon)가 스스로 진행하므로 매질이 필요 없다.

빛은 질량이 없고 광속으로만 이동하는데 질량이 없어야 광속으로 이동할 수 있다. 그런데 광속으로 움직이면 시간이 정지해 흐르지 않게 된다. 따라서 빛은 시간이 존재하지 않는 존재다. 참고로 광속은 물리학 4대 상수 중의 하나다.

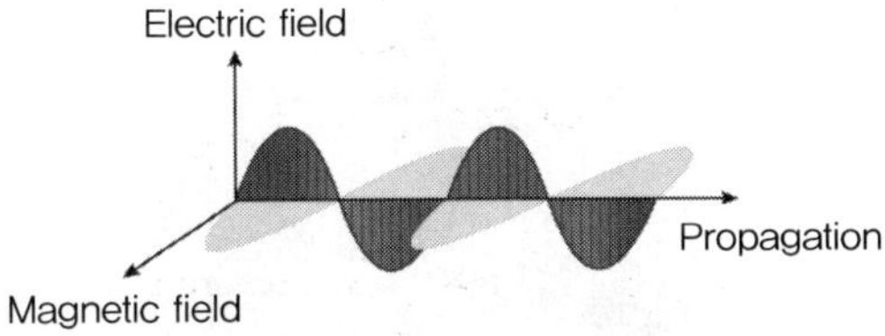

| 그림 1 | 빛은 전기장 $\vec{E}$ 및 자기장 $\vec{H}$와 동시에 수직인 방향으로 진행하는 이 방향을 포인팅 벡터(Poynting vector) $\vec{S} = \vec{E} \times \vec{H}$ 방향이라 한다.

물리학 4대 상수

- 광속 c: 전기와 자기의 세상을 지배한다.
- 중력상수 G: 중력이 작용하는 거대 세상을 지배한다.
- 볼츠만상수 k_B : 열과 에너지의 세상을 지배한다.
- 플랑크상수 h : 원자 크기 이하의 미시 세상을 지배한다.

물리학 4대 상수를 마음대로 다룰 수 있다면 대학과정 물리학의 절반은 이해했다고 본다.

(2) 광속으로 움직이는 물체는 공간이 존재하지 않는다.

빛은 광속으로만 달리는데 광속으로 움직이면 시간이 정지하므로 모든 장소를 순간 이동한다. 빛은 움직이는 방향으로 모든 길이가 0이다. 빛의 외부에서는 빛이 1년 가는 거리를 1 광년이라고 하지만 빛 자체는 시간이 존재하지 않으므로 모든 거리를 항상 순간 이동한다. 따라서 빛은 공간이 존재하지 않는 존재다.

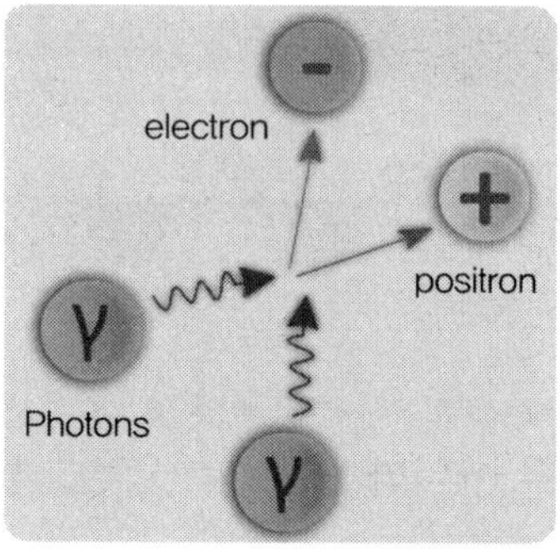

| 그림 2 | 진공 속에서 빛이 충돌하여 전자와 양전자를 만드는 과정

아무것도 없는 진공 속에서 빛(photon)을 충돌시키면 전자(electron)와 양전자(positron)가 만들어진다. 이 역작용도 가능하여 전자와 양전자를 충돌시키면 입자가 사라지고 에너지를 가진 빛이 나온다. 빛 에너지(E)와 물질의 질량(m)이 광속(c)을 매개로 $E = mc^2$으로 상호 교환된다.

어떤 책을 보니 질량과 에너지는 같은 것이라고 하는데, 틀렸다고는 할 수 없으나 정확하지는 않다. 질량은 에너지의 한 형태라고 해야 정확하다. 에너지-질량 식을 정확히 쓰면 다음과 같다.

$$E^2 = (mc^2)^2 + (pc)^2$$

p는 운동량이다. 따라서 질량이 없어도($m = 0$) 에너지는 가질 수 있다.

아무리 과학이 발달해도 우리는 광자를 볼 수 없다. 그 이유는 불확정성의 원리 때문이다. [그림 3]은 그 광자의 모양을 형상화한 것으로, 질량은 없으나 공간을 진동시키는 진동에너지는 있다는 뜻이다. 광자의 에너지는 진동수에 비례하는데 그 비례상수를 플랑크상수라 한다.

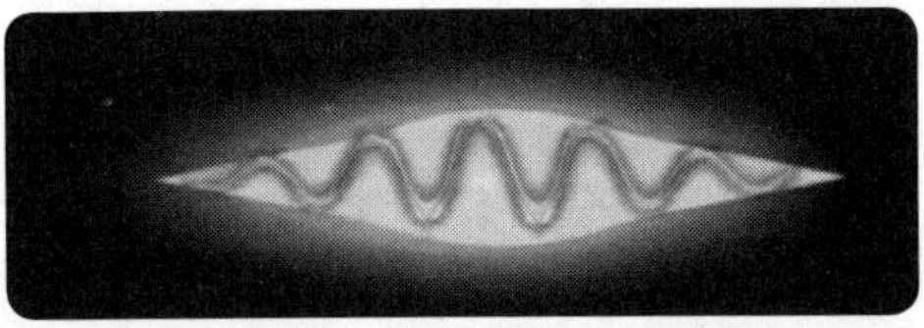

|그림 3| 빛 알갱이의 형상화

빛은 질량이 없을 뿐 아니라 시간과 공간이 존재하지 않는 매우 특이한 존재다. 우주를 '시간과 공간이 존재하는 곳'으로 정의한다면 우주의 탄생과 함께 출현한 빛은 우주가 아닌 것이 된다. 우주란 과연 무엇일까?

03 / 지구 내부의 테이아 흔적

태양계의 형성 과정은 46억 년 전에 태양이 자전하며 태양을 만들고, 이후 남은 성간물질들이 충돌을 통해 중력으로 뭉쳐서 행성들이 만들어지고, 다시 행성들이 충돌을 통해 뭉쳐서 위성들이 만들어지는 절차를 따랐다. 현재 8개의 행성은 작은 천체들의 충돌과정에서 수만 개에서, 수천 개로, 수백 개로, 수십 개로 숫자가 줄어들며 크기가 커지다 결국 8개만 남게 된 것이다.

약 45억 년 전에 이 행성 간 궤도 싸움에서 지구 궤도에 2개의 행성이 최종적으로 남아 결승전을 치르게 되었다. 둘이 빗긴 충돌을 하였는데 그 결과가 달의 형성이다. 즉 태양계 형성 초기에 원시 지구(proto-earth)에 화성 정도 크기의 행성인 테이아(Theia)가 충돌하여, 테이아의 일부 잔해는 원시 지구에 흡수되어 현재의 지구가 되고, 나머지 것들은 우주로 튀어 올라 중력으로 뭉쳐서 달이 된 것이다. 태양계에서 이와 유사한 방식으로 만들어진 천체를 명왕성(Pluto)과 그의 위성 카론(Charon, 샤론)으로 보고 있다.

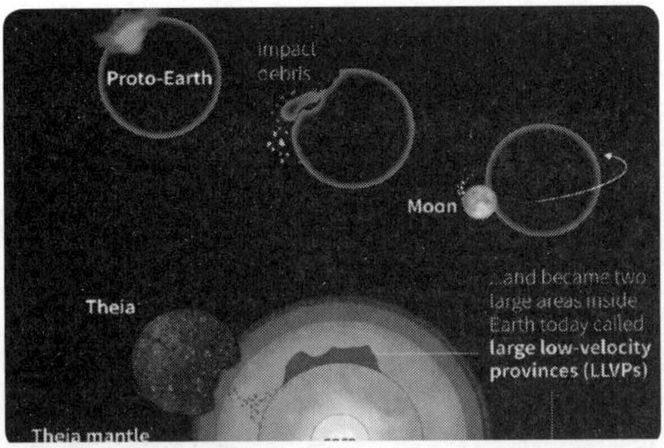

| 그림 1 | 원시 지구(Proto-Earth)와 지구 내부의 맨틀 하부에 있는 테이아 (Theia) 흔적[1]

그러면 그때 원시 지구에 흡수된 테이아의 잔해는 어디에 있을까? 완전히 녹아서 원시 지구와 섞였을까? 원시 지구와 밀도 및 성분이 다를 텐데 완전히 섞이는 것이 가능할까?

캘리포니아 공과대학 지구물리학 연구진이 네이처라는 학술지에 발표한 논문에 나왔는데, 지진파를 살펴보니 [그림 1]처럼 아프리카와 태평양 지각 아래의 맨틀 하부에 지진파가 늦게 지나가는 이질적인 물질 지대가 있었다. 이 이물질 지대를 "거대 저속도 지역(large low-velocity provinces, LLVPs)"이라 하는데 밀도가 핵보다는 작으나 맨틀보다는 크다. 이것은 지구가 생성된 이후에 어떤 거대한 충돌로 지구가 맨틀까지 녹았고, 그때 이물질이 그곳까지 침투했다는 뜻이다. 따라서 지구 맨틀 하부에 있는 이질적인 물질 덩어리가 테이아의 흔적일 것이라고 보는 것이 이 논문의 결론이다.

---

1 https://phys.org/news/2023-11-huge-blobs-earth-planet.html

04 / 태양궤면권과 태양의 공전 모습

태양계는 은하계 중심에서 약 27,000 광년 떨어져, 초속 약 220~230 km로 북쪽방향으로 은하계 중심을 2억 3천만~2억 5천만 년 주기로 공전하는데 이를 1 은하년(galactic year)이라고 한다. 지구를 비롯한 행성들은 태양을 나선형(helical motion)으로 공전하며 북쪽으로 진행한다. 카이퍼벨트는 [그림 1]처럼 태양풍과 자기장이 물방울 모양의 보호막을 만드는 태양궤면권(surface of helio sphere)의 경계다.[1]

태양의 은하계 공전궤도는 2차원 타원이 아니고 [그림 2]의 사인함수처럼 최대 60도로 공전 면을 상하로 출렁거리며 나아가는 3차원이다. 출렁거리는 주기가 대략 6천만 년이라고 하니 은하계를 한 바퀴 도는데 4회 정도 출렁거리는 셈이다.

그런데 재미있는 것은 이 태양의 은하계 공전주기가 지구의 대륙판들이 하나로 뭉쳤다 흩어졌다가 하는 주기와 비슷하다는 점이다. 이것

---

1 방송에서 1977년에 발사된 미국의 보이저 1호가 2012년에 태양계를 벗어났다고 했는데 태양궤면권을 벗어난 것이다. 태양계를 벗어나려면 2만 년 걸린다.

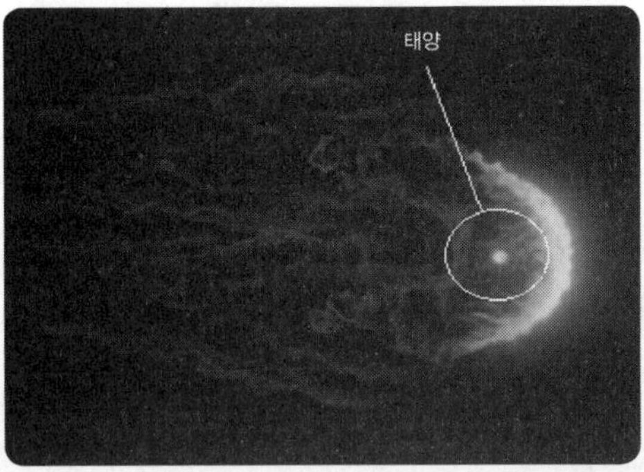

| 그림 1 | 왼쪽에서 오른쪽으로 초속 220~230 km로 달리는 태양 궤면권(태양권 덮개)의 모습. 반지름이 대략 100 AU다.

이 우연인지 필연인지는 모른다.

태양의 공전궤도가 공전 면을 중심으로 60도 정도까지 벗어나며 출렁거리는 이유는 관성력과 인력의 경쟁 때문이다. 태양도 진동하므로 진행 경로가 은하계 수평면과 정확하게 일치할 수는 없어 미세한 각도만 생겨도 관성력에 의하여 공전 면을 벗어나게 되는데, 벗어날수록 중심에서 인력이 강하게 작용한다.

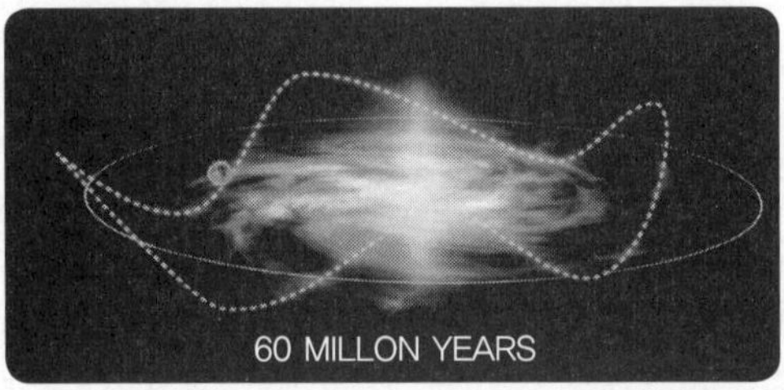

| 그림 2 | 태양이 행성들을 이끌고 은하계 중심을 상하로 출렁거리며 공전하는 모습[2]

2 https://www.youtube.com/watch?v=oW2GT48ZLwA&t=48s

공전 면을 벗어나 진행하게 만든 관성력이 인력을 이기지 못하면 다시 인력에 이끌려 공전 면을 향하여 방향을 바꾸어 진행하게 되고, 또 관성력에 의하여 공전 면을 벗어나게 된다. 그러다 태양이 너무 공전 면을 벗어나면 인력에 의하여 다시 공전 면으로 방향을 바꾸고 하는 운동을 반복하며 진행한다. 따라서 태양의 공전 속력은 공전 면에 가까울수록 빠르고, 공전 면을 벗어날수록 늦어지게 된다.

05 / 화성의 지름 1만 킬로 크기 운석공

화성은 북반구는 고도가 낮고 평탄한데 비하여 남반구는 고도가 높고 울퉁불퉁한데, 사실은 북반구는 거대한 운석공(crater)으로 지름이 무려 10,600 km에 이른다. 참고로 지구의 중생대를 끝낸 멕시코 유카탄 반도의 칙술루브 운석공의 지름이 180 km다. 화성에 저 정도 운석공을 만들 만한 소행성이 충돌하였다면 아마도 화성 북반구 지각이 산산조각 나서 우주로 튀어 올라가고, 바닷물이 있었다면 모두 증발해버렸을 것이다.

이 초대형 운석공은 태양계 초창기의 궤도 싸움에 의한 것인데 당시 화성 궤도에 원시 화성과 명왕성 크기의 행성이 함께 있었다. 그러다 약 40억 년 전 명왕성 크기의 천체가 화성 북쪽에 충돌한 것이다. 이를 운석공이 아니라 너무 커서 보레알리스 분지(Borealis basin)라고 하는데 화성 표면의 거의 40%를 차지한다. 이 분지는 평균 깊이가 4 km라고 하니 태평양 평균 깊이에 해당한다. 그리고 그곳에 물이 차 대략 10억 년 전까지 바다였다고 한다. 충돌로 증발했던 물이 다시 응결된 것으로

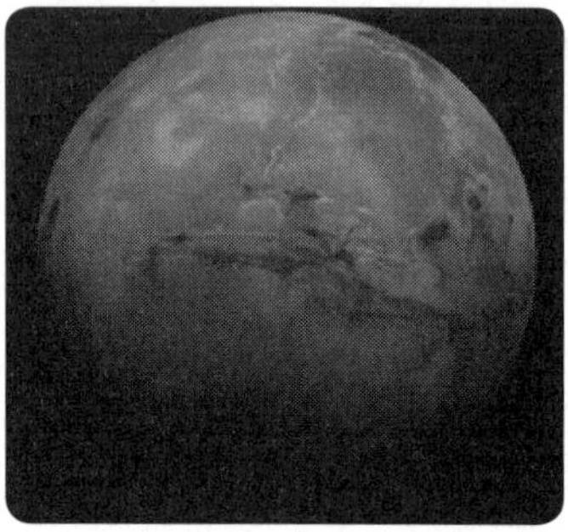

| 그림 1 | 화성 모습.[1] 적도를 따라 거대한 협곡이 있는데 동서 대칭인데 중앙이 크고 동서로 갈수록 작다. 태양계 초창기에 행성 2개가 비벼서 발생한 것이다.

추측된다. 그런데 지금은 물이 사라지고 황량한 벌판만 남았다.

왜 북반구의 바다가 사라졌을까? 가장 유력한 학설은 화성의 자기장 상실이다. 자기장이 존재하려면 핵 내부에 액체 부분이 있어서 전하를 띤 물질들이 움직여야 한다. 그런데 핵이 굳어 화성을 태양풍으로부터 보호해 주던 자기장이 사라지자, 태양으로부터 쏟아져 나온 태양풍이 화성의 바다를 서서히 말려버렸다는 것이다. 그러면 태양풍이 못 들어오는 지하에 있는 물은 어떻게 되었을까?

현재 화성이 위성이 포보스와 데이모스의 2개인데 이 둘의 구성 성분이 모두 화성의 지표면 성분으로 되어 있다. 모두 운석공이 형성될 당시에 충돌로 깨진 지각의 일부가 우주로 튀어 올라갔다가 화성 중력에 잡혀 위성이 된 것이다. 그리고 화성과의 거리가 조금씩 가까워지고 있어 언젠가는 화성 표면과 충돌할 것으로 예측된다.

자기장이 중요한 또 하나의 이유는 인류의 이주 가능성 때문인데,

---

1 『과학의 쉬는 시간』(북스힐, 2017), p. 53, 화성 대협곡의 생성 원인.

인간은 0.5 가우스(Gauss) 정도의 지구자기장에 적합하도록 신체가 만들어져 이보다 아주 크거나 작은 자기장에서 장기간 노출되면 문제가 발생한다. 특히 혈구의 주성분이 헤모글로빈인데 철이 들어 있어 자기장의 영향을 받는다.

최근에 화성에 사라진 자기장을 복구하는 방법이 하나 제시되었다. 자기장이 발생하는 이유는 전하를 가진 물질이 움직이기 때문이다. 예를 들면 지구는 전하를 가진 액체인 외핵이 순환하기 때문에 자기장이 있다. 따라서 화성의 위성 2개에, 또는 하나만이라도 상당한 양의 전하를 입히면 이 위성이 화성을 공전하며 자기장을 만들어 낸다는 것이다. 나는 이 방법이 자기장 복원 가능성이 높은 좋은 방법이라고 본다.

06 / 토성과 그의 위성들

토성은 밀도가 0.687 g/cm^{3}로 태양계에서 물보다 가벼운 유일한 행성이다. 거대한 고리로 유명하지만, 태양계 초창기에는 목성이나 천왕성이나 해왕성처럼 희미한 고리가 있었을 뿐이었다. 그런데 과거의 어느 순간에 지름이 약 400 km 정도 되는 얼음 위성 하나가 토성을 공전하며 점차 거리를 좁혀가다, 로쉬한계 안으로 들어갔다가 토성의 조석력에 의하여 산산이 부서져 오늘날의 거대한 고리를 만든 것으로 본다. 하지만 그 시기가 정확히 언제였는지는 알려지지 않고 있다.

토성의 위성들은 150개 정도 되는데 지름이 약 5천 km인 타이탄(Titan)이라는 태양계에서 목성의 가니메데 다음으로 큰 행성급 위성이 있다. 토성의 작은 위성들은 지금도 계속 발견되고 있는 동시에 일부 작은 위성은 사라지기도 한다.

어떻게 위성을 정의할 것인가도 어렵다. 만일 구형 천체만 위성이라고 하면 화성의 두 위성인 포보스와 데이모스는 위성이 아니게 된다. 참고로 태양계에서 세 번째로 큰 위성은 목성의 칼리스토인데 여기까

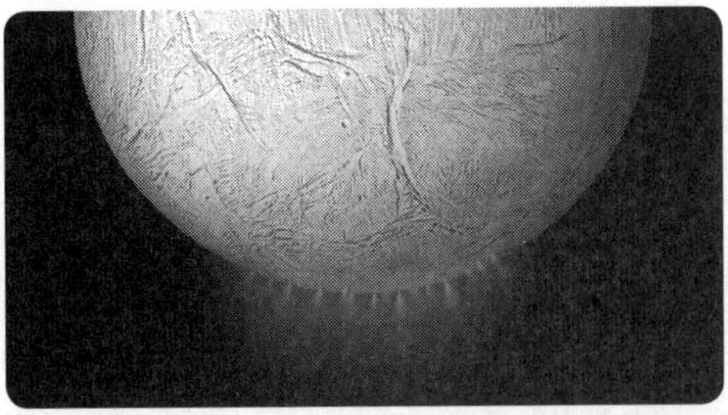

| 그림 1 | 갈라진 틈으로 증기를 우주로 뿜어내는 엔셀라두스 남극 부분[1]

지가 수성보다 크다. 태양계에서 다섯 번째로 큰 위성은 지구의 달이다.

토성의 두 번째로 큰 위성은 지름이 1,532 km인 레아(Rhea)이며, 다음이 지름이 1,492 km인 이아페투스(Iapetus)다. 달의 지름이 약 3,500 km이므로 레아와 이아페투스는 지름이 달의 절반보다 약간 작다. 레아는 토성 가까이에 위치하고 이아페투스는 토성 궤도의 먼 외곽에 위치하여 공전궤도는 전혀 다르다.

물 위성으로 유명한 엔셀라두스(Enceladus)는 지름이 약 500 km로 토성의 위성들 중에 6번째로 큰데, 토성의 고리 바로 바깥에 있다. 이렇게 거리가 가깝다보니 [그림 1]처럼 토성의 조석력에 의해 엔셀라두스 내부의 남쪽 바다가 끓어 수증기가 우주로 분출된다.

밀도(g/cm^3)가 타이탄은 1.88, 레아는 1.237, 이아페투스는 1.089, 엔셀라두스는 1.601로 토성의 위성들은 대부분 1과 2 사이이다. 밀도가 1과 3 사이면 내부에 바다가 있을 가능성이 높은데, 특히 1과 2 사이면 내부의 핵도 무거운 금속(metal core)이 아니라 상대적으로 가벼운 암석(rocky core)일 가능성이 높다.

---

1 『과학의 쉬는 시간』(북스힐, 2017), p. 76, 토성의 물 위성, 엔셀라두스.

태양계에서 지구 외에 생명체가 발견될 장소로 후보 1위가 과거에는 목성의 위성인 유로파였지만 현재는 토성의 위성인 타이탄이다. 태양계 위성들 중에 지구 정도의 짙은 대기를 가진 것은 타이탄이 유일한데 1.45 기압이다. 타이탄은 대기의 주성분이 지구처럼 질소인데 질소는 화학적으로 안정되어 있고 단백질의 주성분이라 생명체 존재에 유리하다.

또 타이탄은 지구처럼 표면에 고체, 액체, 기체를 골고루 가지고 있어서 에너지 순환 가능성이 높다. 생명 현상이란 에너지 순환과정의 일종으로 삶과 죽음은 그 속에 위치한다. 타이탄에서 생명체가 발견될 가능성이 높은 곳은 표면에 있는 메탄의 바다보다는 그 아래에 있을 것으로 추정되는 거대한 소금물의 바닷속이다.

07 / 토성의 산소 위성, 레아

레아(Rhea)는 태양계의 위성들 중에 크기로는 9번째, 질량으로는 10번째로 크다. 레아는 지름이 1,532 km로, 달의 지름이 3,500 km이니, 달의 절반보다 약간 작다. 지축이 공전 면에 대하여 수직으로 전혀 기울어지지 않았는데 이는 큰 충돌이 없었다는 뜻이다.

| 그림 1 | 레아는 토성 가까이에 위치하는데 축이 기울어지지 않았고 표면이 매끄럽다.[1] 전체적으로 지구의 달과 유사하다.

1 미국 항공우주국

레아의 표면은 달과 유사하지만 밀도가 1.24 g/cm^{3}로 매우 작은데, 이는 주성분이 물과 얼음이고 무거운 금속 핵이 없거나 있어도 매우 작다는 뜻이다.

표면 온도는 약 영하 200도인데 달을 비롯한 대기가 희박한 위성 대부분은 표면 온도가 영하 200도 부근이다.[2] 레아의 표면 탈출 속력은 음속의 약 2배인 635 m/s에 불과하여 우주선이 이착륙하기가 쉽다. 음속을 흔히 마하(Mach) 1이라고 하는데 시속으로는 약 1,200 km다. 음속의 3배는 마하 3인데 대략 초속 1 km다.

레아가 관심을 받는 이유는 대기 중에 상당한 비율의 산소가 관측되었기 때문이다. 대기가 70%의 산소와 30%의 이산화탄소로 되어 있는데 태양계에서 지구 외에 대기에 주목할 만한 비율의 산소를 가지는 천체는 레아가 유일하다.

레아는 태양계에서 10번째 큰 위성으로 공기를 붙들고 있을 정도로 중력이 충분히 크다. 어쨌든 산소가 있다면 인간을 비롯하여 지구상 산호 호흡 생명체로서는 좋은 신호다. 지구상에서 산소는 식물이 광합성할 때, 이산화탄소는 동식물이 호흡할 때 만들어진다.

그러면 레아의 산소는 어떻게 만들어졌을까? 참고로 목성의 위성인 유로파와 가니메데의 대기에 섞여 있는 산소는 얼음 아래의 바다에서 생성되어 얼음들 사이의 틈을 통해 올라오는 것이다. 그런데 어떻게 바닷속에서 생성되었을까? 레아의 대기는 지구에 비하여 1/100 정도로 매우 옅어 대략 화성 수준이다. 그런데 어떻게 대기에 유의미한 비율의 산소를 가지게 되었을까?

---

2 이 책에 나오는 모든 온도는 절대온도(K)와 섭씨온도(C) 중에 섭씨온도다. 온도가 대략 3천도 이상 되면 절대온도(K = C + 273)와 섭씨온도는 거의 같다.

토성의 최대 위성인 타이탄의 거대한 메탄 바다의 근원은 아직도 수수께끼다. 이 메탄만 가져다 쓸 수 있다면 인류의 에너지문제는 걱정할 필요가 없다. 현재까지의 상식으로는 대기의 산소와 메탄은 생명체가 만든다는 것이다. 산소는 물속의 녹조류가 광합성을 해서 만드는 것이 기본이다. 산소가 없어도 생명체는 존재할 수 있지만 인간을 비롯한 지구형 생명체는 산소를 필요로 한다.

08 / 토성의 호두 위성, 이아페투스

토성에서 세 번째로 큰 위성이 이아페투스(Iapetus)다. 지름이 약 1,500 km인데 흔히 호두 위성(너트 문)이라 불린다. 그 이유는 적도에 빙 둘러 거대한 산맥이 존재하는데 그 모습이 마치 호두 같다고 하여 붙여진 이름이다.

[그림 1]처럼 이 산맥은 정상이 뾰쪽하며, 한 군데도 빈틈이 없이 빙

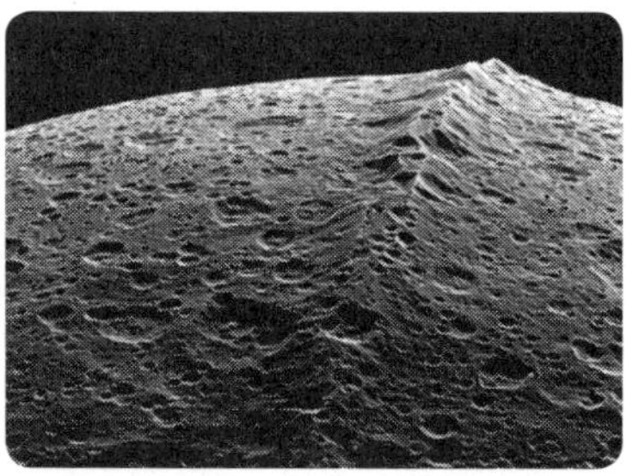

| 그림 1 | 이아페투스의 적도를 따라 형성된 산맥으로 히말라야산맥 높이의 2배 이상이다.[1]

1 미국 항공우주국

둘러 균일하게 올라와 있다. 이 산맥의 평균 높이는 15~20 km로 에베레스트의 2배가 넘는다. 그런데 어떻게 이 거대한 산맥이 형성되었을까?

적도의 담(산맥)을 경계로 색이 다른 이유는 토성 부근을 지나던 보이저 1호가 밝혀냈다. 이아페투스의 두 면 가운데 밝은 쪽은 표면이 얼음으로 덮여있고, 어두운 쪽은 표면이 외계에서 들어온 먼지들로 덮여 있기 때문이다.

이아페투스의 공전 면은 다른 토성의 위성들과 다르게 17도 기울어져 있고, 공전궤도는 레아의 7배나 되어 비정상적으로 멀리 있다. 이는 이아페투스의 생성 원인이 토성의 다른 위성들과 다르다는 뜻으로, 본래는 먼 곳에 있었던 왜행성(dwarf planet)이었는데 토성의 주위를 지나다 토성의 중력에 잡혀 위성이 되었을 것으로 본다. 마치 해왕성의 가장 큰 위성인 트라이턴(Triton)이 본래는 카이퍼벨트의 왜행성이었는데 해왕성 주위를 지나다 해왕성의 중력에 잡혀 위성이 된 것과 같다.[2]

태양에서 지구까지의 거리를 1 AU(Astronomical Unit, 천문단위, 1억 5천만 km)라고 하는데 태양계의 반지름은 대략 10만 AU다. 1 광년은 약 6만 AU이니 태양계의 반지름은 2 광년이 조금 못 된다. 태양으로부터 약 40 AU까지를 행성계라 하고, 40~100 AU까지를 태양계의 고리 혹은 카이퍼벨트라고 하며, 100~10만 AU까지는 오르트구름지대라고 한다.

이아페투스는 밀도가 1.0 g/cm^{3}로 주성분이 물과 얼음이라는 뜻이다. 남쪽 표면에 거대한 운석공(크레이터)이 하나 있으나 자전축이 크게 기울어지지 않았다는 것은 지금까지 큰 충돌이 없었다는 뜻이다. 따라

---

2 『과학의 쉬는 시간』(북스힐, 2017), p. 79, 해왕성의 위성, 트라이턴.

서 거대 산맥의 형성 원인을 위성의 외부에서 찾기는 어렵다.

현재까지 거대 산맥의 형성에 대한 가장 유력한 학설은 이아페투스를 공전하던 고리가 표면에 추락하여 산맥이 되었다는 것이다. 하지만 나는 산맥 모양을 보고 이에 동의하지 않는다. 물체가 충돌하면 산맥 끝이 뾰쪽하기 어렵고 또 일부는 튀게 된다.

나는 이아페투스가 만들어지던 시기에 적도 부근에서 조석 에너지로 인한 마찰력이 만든 증기가 대규모로 발생하여, 그 압력에 의해 적도가 부풀어 오른 것이 아닌가 생각한다. 아마도 자전하는 축에서 가장 먼 곳이 가장 약해 증기가 그쪽으로 빠져나오며 부풀어 올랐을 것이다.

09 / 태양계의 바다 천체들과 왜행성

생명체의 가장 필수적인 분자가 물인데 우주에서 가장 풍부한 액체가 또한 물이다. 이는 생명 현상이 지구만의 특별한 것이 아니고 범우주적일 가능성을 준다. 지구가 가진 물도 지구 형성 초기의 얼음 천체들과의 충돌에 의한 것이다.

달에 엄청난 양의 얼음이 묻혀 있다는 것을 알게 된 것은 단 한 번 무인 우주선을 보내 월석을 채취해 가져온 중국 덕분이었다. 극미한 월석을 가져왔음에도 바로 알았다. 미국은 많은 우주선을 보내 엄청난 양의 월석을 가져왔음에도 당시에는 달에 많은 얼음이 묻혀 있다는 것을 몰랐다.

이런 지하의 고체 얼음 말고 잠수함이 항해할 정도의 바다를 가진 천체가 태양계에 현재까지 확인된 것만 20개 정도다. 바다 천체가 주목받는 이유는 그 안에 생명체를 담고 있을 가능성이 있기 때문이다. 지구의 최초 생명체가 물속에서 탄생했듯이 외계에서의 최초 생명체도 물속에서 탄생했을 것으로 추정된다.

태양계의 지구외 바다 천체들

❶ **목성의 위성들 :** 유로파, 가니메데(최대 바다), 칼리스토

❷ **토성의 위성들 :** 타이탄(메탄의 바다 아래층), 엔셀라두스

❸ 왜행성 10개

❹ 천왕성의 위성 미란다

❺ 해왕성의 위성 트라이턴

❻ 명왕성의 위성 카론

이 외에도 많은 왜행성들과 위성들이 얼음 표면 아래에 바다를 가지고 있을 것으로 추정되어 그 숫자는 계속 늘어날 것으로 예상된다. 가장 거대한 바다는 태양계 최대 위성인 목성의 가니메데 지하에 있을 것으로 추정되는데, 지구가 가진 바닷물 양의 2~3배 정도 될 것이라고 한다.

두 번째는 목성의 위성인 유로파로 지구가 가진 바닷물의 약 2배로 추정된다. 유로파는 얼음이 녹으면 표면 전체가 바다로 덮여 육지가 없는 물 위성이 된다. 토성의 최대 위성인 타이탄도 메탄의 바다 아래에 거대한 물의 바다가 있을 것으로 추정되는데 양은 아직 알 수 없다.

두꺼운 얼음 아래에 바다가 존재할 수 있는 조건 중의 하나가 모행성의 조석력에 의해 발생하는 열에 의한 뜨거운 핵이다. 핵이 열에너지를 공급하므로 바다가 얼지 않고 액체 상태를 유지한다. 생명체 역시 태양이 없어도 뜨거운 핵으로부터 에너지를 공급받아 생존할 수 있는데 이것은 지구의 심해 생명체들과 같다.

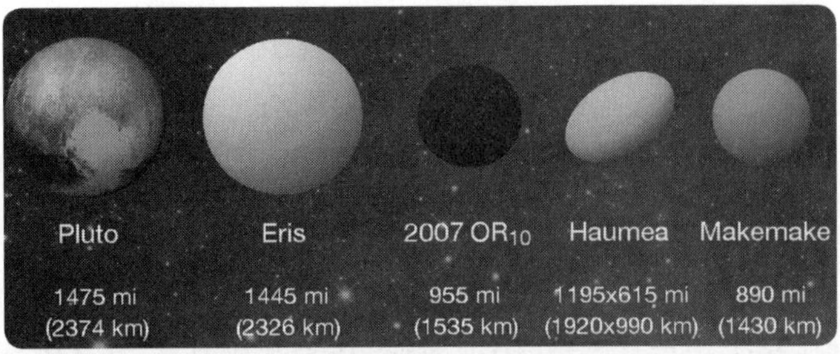

| 그림 1 | 5대 왜행성.[1] 2007 OR_{10}은 아직 연구 중으로 자료가 부족하다.

태양계의 왜행성은 소행성벨트의 세레스와 오르트구름지대의 세드나를 제외하고는 모두 카이퍼벨트에 위치하는데 크기 순으로 다음과 같다.(괄호 안은 밀도로 g/cm³다)

❶ Pluto(1.85) ❷ Eris(2.43) ❸ 2007OR10(?) ❹ Haumea(2.0)
❺ Makemake(1.9) ❻ Gonggong(1.74) ❼ Quaoar(1.68)
❽ Ceres(2.16) ❾ Orcus(1.4) ❿ Sedna(?)

지름으로는 명왕성(Pluto)이 1등이나, 질량으로는 밀도가 더 큰 에리스(Eris)가 1등이다. 오르쿠스와 세드나의 질량은 아직 알려져 있지 않았고, 가장 무거운 에리스의 질량이 세레스의 약 15배다.

하우메(Haumea)는 희미한 고리를 가지고 있으며 구형이 아니고 기울어진 타구형(달걀형)이다. 태양계 초창기에 행성간 거대한 빗김 충돌이 발생하여 그 결과 기울어졌고, 자전주기가 단 4시간으로 매우 짧아졌

---

1 https://www.jpl.nasa.gov/news/2007-or10-largest-unnamed-world-in-the-solar-system

는데, 이 지나치게 빠른 자전이 본래 구형이었던 모습을 타구형으로 만든 것으로 추정된다.

마케마케(makemake)는[2] 표면이 명왕성처럼 갈색인데 메탄(CH4)으로 덮여있기 때문이라 한다. 하지만 토성의 메탄 위성인 타이탄과 다르게 대기는 거의 없다.

위성들 중에 밀도가 3 이하인 것은 지하에 바다를 가졌을 가능성이 있다고 보면, 10개 왜행성 모두 지하에 바다를 가졌을 가능성이 있고, 또 모두 생명체의 존재 가능성도 있다. 최근 태양계 내 지구 외 생명체 존재 후보 순위는 다음과 같다. : 1위 타이탄, 2위 유로파, 3위 화성.

이 순위는 고정되어 있지 않고 연구 결과에 따라 바뀐다. 나는 태양계에서 지구 밖 생명체의 발견은 시간문제라고 본다. 문제는 어디까지를 생명으로 보는지, 즉 생명의 정의다. 생명의 정의는 현재도 확립되지 않고 있으며 과학이 발전함에 따라 변하고 있다.[3]

---

2 남태평양 이스터섬 원주민들의 창조신 이름이다.

3 『과학의 쉬는 시간』(북스힐, 2017), p. 119, 생명이란 무엇일까?

10 / 타원궤도의 이심률

만유인력을 받는 천체는 타원궤도를 공전하게 되는데 원으로부터 얼마나 벗어나 찌그러진 타원인가를 나타내는 지표가 이심률(orbital eccentricity, e)이다. 만일 원이면 이심률은 0이다. 그리고 타원은 0과 1 사이의 값을 갖는데 다음과 같다.

[그림 1]에서 달이 지구로부터 가장 멀리 있을 때를 원일점(a, apogee)이라고 하고, 가장 가까이 있을 때를 근일점(p, perigee)이라고 하다. 그러면 이심률 e는 아래처럼 정의된다.

$$e = 1 - \frac{2}{\frac{a}{p} + 1}$$

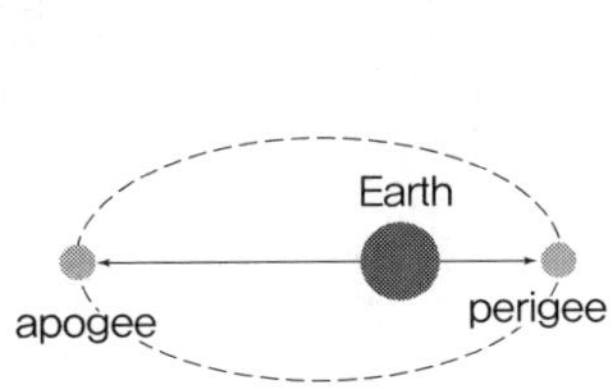

| 그림 1 | 지구를 공전하는 달의 원일점(apogee)과 근일점(perigee)

이심률 e만 알면 원일점 a와 근일점 p의 비를 다음처럼 쉽게 구할 수 있다.

$$\frac{a}{p} = \frac{1+e}{1-e}$$

이심률이 0.1보다 작으면 맨눈으로는 원인지 타원인지 잘 모를 정도고, 0.1~0.5 사이면 보통의 타원으로 달걀형이다. 그리고 0.5보다 크면 극도로 찌그러진 타원이다.

지구의 이심률은 0.0167로 거의 원에 가깝다. 따라서 이심률이 계절에 영향을 미치는 효과는 극히 미미하다. 지구의 계절은 지축의 기울기가 결정한다.

달은 0.0549로 지구보다는 타원이나 거의 원이다. 태양계의 8개 행성 중에는 수성의 이심률이 가장 높아서 0.2056이다. 명왕성의 이심률은 0.2488로 상당히 커서 이심률이 0.009인 해왕성 안쪽으로 공전하는 시기도 있다.

태양계에서 공전궤도 이심률이 가장 큰 것은 세드나(Sedna)로서 무려 0.8496으로 매우 극단적인 타원이다. 이런 극단적인 궤도는 세드나의 기원이 다른 왜행성들과 다르다는 뜻이다. 일반적으로 이런 이심률이 큰 행성의 계절은 공전 중의 위치에 따라 결정된다.[1]

1 『과학의 쉬는 시간』(북스힐, 2017), p. 101, 요요행성.

11 / 소행성대의 얼음 왜행성, 세레스

화성과 목성 사이에는 소행성대가 있다. 원래는 행성이 만들어져야 하는 곳인데 태양과 목성 사이의 중력 싸움 때문에 행성이 만들어지지 못한 곳이다. 따라서 이 구간의 소행성들을 태양계의 원재료 행성(embryonic planet, 배아 행성)이라고 한다.

지금은 소행성들 질량을 다 합쳐도 달의 질량 하나보다 적지만 태양계 초창기에는 소행성들이 훨씬 많았을 것으로 추정된다. 주변 행성들의 중력에 의하여 흩어진 것이고 일부는 지구에도 들어왔을 것이다.

소행성대에서 가장 큰 천체가 세레스로 지름이 약 1,000 km로 3,500 km인 달의 1/3보다 약간 작다. 공전 반지름은 2.8 AU, 공전주기는 4.6년, 자전주기는 약 9시간이다.

표면에 많은 운석공이 있지만 지축은 4도밖에 안 기울어져 큰 충돌은 없었다. 위성이나 고리도 없다. 대기는 희박하나 표면 온도가 영하 100도 정도로 의외로 차지 않다.

평균 밀도가 2.16 g/cm³인데 이는 주성분이 물과 얼음이라는 뜻이다. 내부 구조는 크게 3층으로 구성되어 있다고 추정된다.: 얼음 지각(Thick outer crust), 소금물 바다(Salt-rich liquid), 암석 맨틀(hydrated rock). 이 중에 암석 맨틀이 가장 많은 부피를 차지하고, 물은 중간층에 있는데 지각이 두꺼워 보온 효과가 있어 내부가 얼지 않고 바다로 유지할 수 있다. 대기에 약간의 수증기가 관측되었는데 이 역시 세레스 내부에 거대한 바다가 있을 가능성을 준다.

표면 탈출 속력이 516 m/s로 음속보다 약간 커 지구 탈출 속력의 5% 정도다. 이는 우주선이 일반 초음속 비행기의 속력을 내면 탈출할 수 있다는 뜻으로 미래에 우주 정거장으로 사용하기 편리한 속력이다.

12 / 카이퍼벨트의 얼음 왜행성, 명왕성

명왕성은 태양에서 거리가 30~50 AU로 긴 타원궤도를 공전하여 카이퍼벨트에 있는 왜행성으로 분류된다. 평균 반지름은 약 1,200 km로 1,700 km인 달보다 약간 작다. 태양계의 8개 행성과는 구조가 전혀 다른 얼음 왜행성이며 공전주기는 무려 250년으로 매우 길다.

[그림 1](a)의 명왕성 표면에는 색이 검붉은 곳이 있는데 표면의 유기체 성분이 장기간 태양의 자외선에 노출된 결과로 보인다. 대기는 약

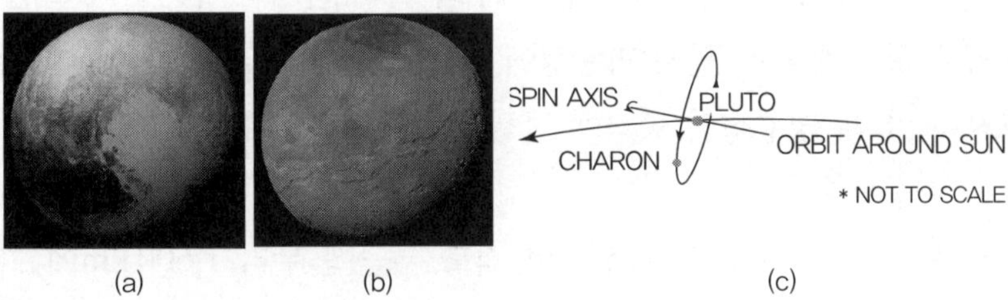

| 그림 1 | 카이퍼벨트의 왜행성인 명왕성(a)과 그의 위성 카론(b) 및 둘이 태양을 공전하는 모습(c)[1]

---

1 미국 항공우주국

간의 질소 외에는 거의 없어 진공에 가깝고, 표면에 물질이 이동하여 발생한 것으로 보이는 무늬가 있다, 이것은 마치 목성의 얼음 위성인 유로파처럼 내부의 어떤 열원 때문에 얼음 표면이 녹고 얼고를 반복하는 것으로 추정되며, 명왕성과 카론 표면에 크레이터 숫자가 적은 것도 표면이 녹고 얼고를 반복하는 얼음이라는 뜻이다. 특히 명왕성에서는 최근에 높이 7 km의 얼음 화산이 발견되었다.

명왕성은 밀도가 약 1.9 g/cm^{3}로 내부의 가장 위층이 두꺼운 얼음층이며, 그 아래는 깊이 100 km 정도의 깊은 바다고, 바다 아래는 실리카-젤의 고체 핵으로 추정된다. 얼음과 바닷물이 부피의 약 30%를 차지할 것으로 예측된다. 대기는 질소가 주성분이나 매우 옅으며, 표면 온도는 영하 230도다. 최근에는 표면에 얼어붙은 상당량의 고체 질소가 관측되었다.

명왕성에서 현재까지 5개의 위성이 발견되었는데, 가장 큰 카론은 반지름이 명왕성의 약 절반인 600 km로 상대적 크기가 커서, 둘 사이의 무게중심이 명왕성 외부에 있는 진정한 의미의 쌍 행성계를 형성한다.[2]

명왕성과 카론의 형성 과정은 지구와 달의 관계와 유사하다고 본다. 태양계 형성 초기에 원시 명왕성에 작은 왜행성 하나가 충돌하여 산산조각이 난 후 명왕성의 중력에 잡혀 하나로 모여 위성인 카론이 된 것으로 추정된다.

[그림 1](b)의 카론은 화성처럼 적도 부근에 무려 1,600 km에 이르는 얕고 긴 협곡이 존재한다.[3] 화성의 적도 부근 대협곡은 태양계 형성

---

2 『과학의 쉬는 시간』(북스힐, 2007), p. 81, 명왕성과 그 위성인 카론.

3 『과학의 쉬는 시간』(북스힐, 2017), p. 53, 화성 대협곡의 생성 원인.

초창기에 2개의 행성이 자전하며 비벼서 만들어진 것인데, 카론의 협곡 형성 원인은 아직 알려지지 않았다.

명왕성과 카론은 항상 같은 면을 바라보고 있고, 둘 사이의 거리도 고정되어 있어서, 둘 사이에 우주 엘리베이터를 설치할 수 있는 대상이다. 즉 명왕성과 카론 사이에 케이블을 연결하고 엘리베이터를 운영하는 것이 이론적으로는 가능하다는 뜻이다.

카론 역시 밀도가 약 1.7 g/cm^3로 주성분이 물과 얼음으로, 명왕성과 마찬가지로 지하에 거대한 바다의 존재가 예측된다. 앞으로 태양이 적색거성으로 진화하여 부풀어 오르면 지구는 더 이상 인류가 살 수 없는 곳이 되지만, 명왕성과 카론은 얼음이 녹아 바다가 넘실거리는 살기 좋은 물 행성이 될 것이다.

13 / 카이퍼벨트의 쌍소행성, 울티마-툴레

태양계에 8개의 행성이 존재하는 행성계와 그 너머의 카이퍼벨트까지는 성간물질들이 대략 원판형으로 분포하는데, 오르트구름지대는 구형으로 분포한다. 8개의 행성을 제외한 태양에서 40 AU 이상에 있는 명왕성을 비롯한 왜행성들은 카이퍼벨트내의 천체들이다. 태양계는 질량의 99%가 태양이고, 부피의 99.9%는 오르트구름지대다.

최근에 망원경과 천문학의 발달로 카이퍼벨트에 대한 관측이 활발하게 이루어져 여러 가지 새로운 발견들이 보고되고 있는데, 흥미 있는 것 하나가 2014mU69, 또는 별칭으로 울티마-툴레(Ultima Thule)라고 부르는 [그림 1]의 두 개의 소행성이 붙은 모양의 소행성이다.

2개의 소행성이 충돌하여 하나로 붙은 것인데 소행성들의 속력이 초속 10 km가 넘기 때문에 일반적인 충돌은 소행성들이 산산조각이 나게 될 뿐이다. 저렇게 한 몸으로 붙으려면 일반적인 충돌이 아니다.

2개의 소행성이 서로의 중력에 묶여 무게중심을 중심으로 서로 공전하게 된다. 마치 지구와 달의 관계와 유사하다. 그런데 지구와 달은

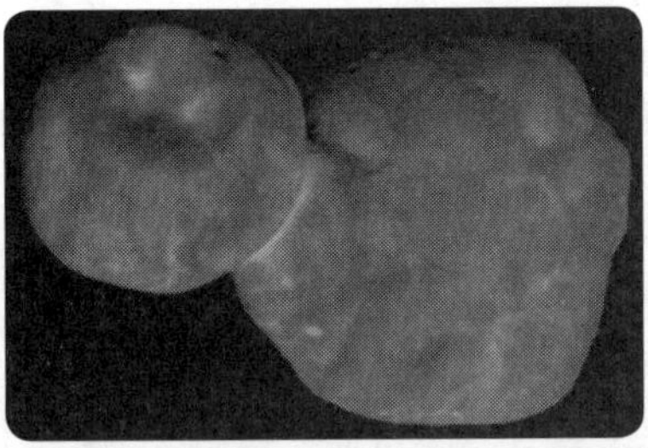

| 그림 1 | 카이퍼벨트대의 소행성 2014mU69, 울티마-툴레[1]

거리가 점점 멀어져가고, 화성과 그 위성 2개는 거리가 점점 가까워지고 있다. 울티마-툴레는 둘이 서로의 중력에 잡혀 무게중심을 중심으로 공전하다 둘 사이의 거리가 점점 가까워지다 마침내 하나로 붙은 모습이다. 어느 한쪽이 일방적으로 크면 둘이 접근하여 로쉬한계에 이르렀을 때 조석력에 의한 파괴가 일어나지만 크기가 비슷하여 파괴되지 않고 서로 붙었다.

"문 폴(Moon Fall)"이라는 공상과학영화를 보니 달이 지구에 충돌한다는 시나리오였는데, 만일 달이 지구를 공전하며 접근하면 로쉬한계 내로 들어왔을 때 산산조각 나게 된다. 영화는 달을 외계인이 만든 속이 빈 인공위성으로 그렸는데, 속이 비었는지 아닌지는 관측과 역학으로 알 수 있다.

- **달:** Moment of inertia factor 0.3929 ± 0.0009[7]
- **지구:** Moment of inertia factor 0.3307[15] [2]

1 미국 항공우주국

2 Wikipedia

관성모멘트 요소(Moment of inertia factor)는 $I = kmr^2$의 상수부 k인데 물체의 속이 비면 0.4~0.67 사이이다. 달이 0.39인데 이는 큰 핵이 없으며 내부가 차 있고 밀도가 비교적 균일하다는 뜻이다. 지구는 0.33인데 이는 내부에 큰 핵이 있고 내부 밀도가 균일하지 않다는 뜻이다. 속이 빈 천체, 즉 k가 0.4보다 큰 천체는 아직 발견된 적이 없다.

14 / 오르트구름지대의 얼음 왜행성, 세드나

태양계의 천체 중에 가장 기이한 존재를 들라면 세드나(Sedna)다. 그 이유는 [그림 1]처럼 공전 면이 다른 행성들과 다르게 태양 자전 면에 크게 기울어져 있고, 아주 멀리 오르트구름지대를 거친다는 것이다. 이는 세드나의 생성원인이 다른 행성들과 다를 것이라는 생각을 갖게 한다.

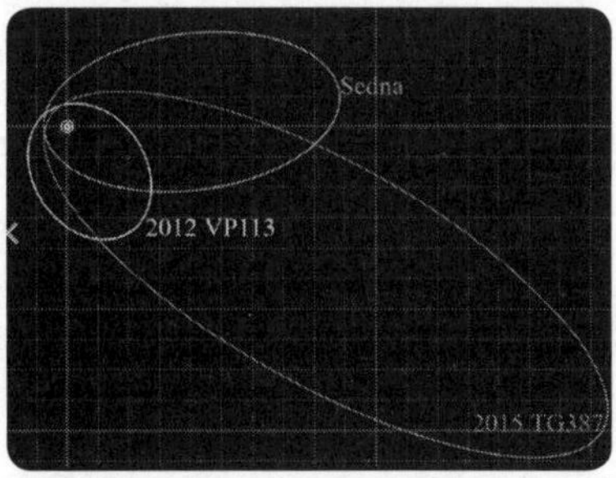

| 그림 1 | 세드나를 비롯한 TNO의 궤도.[1] 세드나의 실제 궤도는 더 찌그러진 타원이다.

---

1 Wikipedia

공전궤도가 80~1,000 AU 사이로 극단적인 긴 타원인데, 100 AU를 넘으면 오르트구름지대로 보기 때문에 세드나는 명왕성과 달리 오르트구름지대 왜행성으로 분류된다. 특히 해왕성 밖의 천체들을 TNO (Trans-Neptunian Objects)라고 한다.

세드나의 공전주기는 무려 11,000년이고 자전주기는 약 10시간이다. 반지름은 900 km로 17,000 km인 달의 약 절반이다. 표면 온도는 극단적으로 낮아 영하 260도로 추정된다. 참고로 진공인 우주공간 온도는 약 영하 270도로 액체 헬륨 온도에 해당한다.

밀도는 대략 약 1.0 g/cm^{3}로 추정되어 표면은 단열효과를 낼 수 있을 정도로 두꺼운 얼음이고, 내부에 큰 바다가 있을 것으로 추정된다. 우주에서 가장 풍부한 액체가 생명의 근원인 물이다.

세드나는 본래 태양계 천체가 아니었다. 그런데 어느 시기에 항성 충돌을 통해 태양계로 들어온 것으로 본다. 태양계는 주변의 항성계들과 주기적으로 충돌한다. 충돌이란 의미는 항성과 항성 사이의 거리가 1 광년 이내로 접근하여, 각 항성이 이끄는 행성들을 비롯한 천체들이 상호 강한 중력의 영향을 받는다는 뜻이다. 이때 행성을 주고받는 교환이 발생하여, 태양계 내의 행성이 다른 항성계로 끌려가기도 하고, 다른 항성계의 행성이 태양계로 끌려 들어오기도 한다.

세드나는 이런 과정을 통하여 태양계로 들어온 것으로 보인다. 마찬가지로 태양계의 행성이 바깥으로 나갔을 가능성도 있는데 이런 과정을 '행성 교환'이라 한다. 당연히 '위성 교환'도 발생하며, 은하계끼리 충돌하면 '항성 교환'도 발생할 수 있다. '항성 교환'이 발생해도 우주는 너무 넓고 그 사이가 대부분이 진공이라서 항성계에 포함된 행성에는 거의 영향을 미치지 않는다.

15 / 쌍곡선 궤도 천체, 오우무아무아

태양계의 혜성은 크게 2가지로 나뉜다. 주기적으로 태양 중심으로 돌아오는 혜성과, 한 번 오고는 다시 오지 않을 혜성이다. 이것은 혜성의 궤도를 관측해 보면 알 수 있다. 혜성의 궤도가 타원이면 돌아오나 쌍곡선이면 돌아오지 않기 때문이다.

혜성의 궤도가 대부분은 타원이지만 태양계 밖에서 태양계 안으로 들어온 경우는 쌍곡선을 그리기도 한다. 태양계 밖에서 들어와도 태양 중력에 잡혀서 대부분은 이심률이 아주 클 뿐 타원인데, 그 대표적 예가 왜행성인 세드나다.

최근에 [그림 1]과 같은 천체 하나가 태양을 공전하고 나갔는데 궤도

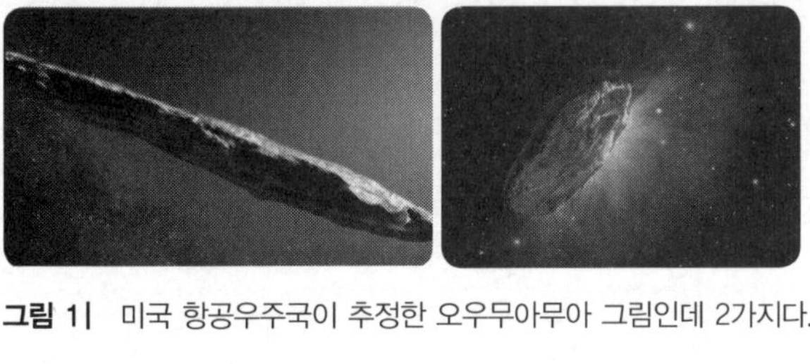

| 그림 1 | 미국 항공우주국이 추정한 오우무아무아 그림인데 2가지다.

가 쌍곡선이었다. 2017년에 하와이 천문대에서 최초로 관측되었다고 해서 명칭이 '1I/2017 U1'인데 혜성이 아니라 소행성으로 분류되었다. 이 천체는 통상 오우무아무아(Oumuamua)로 불리는데 하와이 원주민 말로 '먼 곳에서 온 방문객'이라는 뜻이다.

길이는 대략 200~500 m, 지름은 대략 30~100 m로 긴 막대형 천체였다. 막대형 천체는 회전하면서 진행하게 되는데 이런 특이한 형태에 대하여 여러 가지 모습들이 추정되지만, 사실 어느 것도 확실하지 않다.

우주공간에서 이런 막대형 천체는 ① 어떤 충격으로 천체의 일부가 파괴되어 떨어져 나갔거나, ② 원래는 구형이었는데 태양에 접근하며 태양풍과 열에 의하여 깎여나가거나, ③ 인공적으로 만들지거나 외에는 존재가 매우 어렵다.

태양계는 북쪽으로 나아가며 은하계 중심을 공전한다. 그런데 오우무아무아는 북쪽에서 태양계 중심으로 들어왔다. 따라서 이는 자동차를 운전하다가 자동차 유리 앞으로 날아오는 곤충과 부딪히는 것이나 비슷하다.

오우무아무아의 속력은 초속 20~30 km인데 이는 화성이나 지구의 공전 속력과 비슷하고, 현재 가장 빠른 우주선의 약 2배다. 만일 이 천체가 이 속력으로 계속 태양계를 항해했다면 대략 2만 년 전에 태양계에 진입했다는 뜻이다. 태양계를 벗어나는데도 이와 비슷한 시간이 걸릴 것이다.

요약하면 오우무아무아는 태양계 밖에서 들어온 천체로 추정되는데, 우주에는 항성 사이를 떠돌아다니는 성간 천체들이 적지 않다는 뜻이다.

16 / 태양계의 9번째 행성을 찾아서

명왕성이 행성에서 탈락하고 왜행성으로 분류된 후에 진짜 9번째 행성을 찾기 위한 연구가 세계적으로 활발하다. 이 9번째 행성을 "행성 9" 또는 미지의 행성이란 뜻으로 "행성 X"로 부르기도 한다.

태양계에 벨트가 2개가 있는데 하나는 소행성벨트(2~4 AU)고 다른 하나는 카이퍼벨트(40~100 AU)다. 소행성벨트는 암석 행성과 기체 행성의 경계고, 카이퍼벨트는 태양궤면권의 경계다.

태양과 소행성벨트 사이에는 지구를 비롯한 소형 행성들이, 소행성벨트와 카이퍼벨트 사이에는 목성을 비롯한 대형 행성들이, 그리고 카이퍼벨트에는 왜행성들이 있다. 그런데 카이퍼벨트의 왜행성들은 궤도가 특정한 방향으로 크게 찌그러진 타원이거나, 공전 면이 태양 자전면과 크게 기울어져 있는데, 이는 과거에 외부에서 엄청난 중력이 작용했다는 뜻이다. 따라서 이런 중력을 미칠 수 있는 행성을 9번째 행성이라고 본다.

하지만 아무리 카이퍼벨트를 관측해도 9번째 행성은 안 보이는 것이다. 작은 블랙홀이니, 미니 해왕성이니, … 등등 많은 학설이 나왔고, 심지어 위치, 크기, 질량까지 예측이 나오고 있으나 아직 관측은 안 되고 있다.

모성으로부터 가까울수록 행성들을 만들 재료가 많아 큰 행성이 만들어질 것 같지만, 모성에 너무 가까우면 가스를 비롯한 행성 재료 물질들을 모성에 다 빼앗겨 대형 기체 행성이 만들어지지 않고 작은 암석 행성이 만들어진다.

그러다 모성으로부터 거리가 적당히 멀어지면 모성의 중력이 작아지므로 풍부한 재료들을 모성에 뺏기지 않아 [그림 1]처럼 대형 기체 행성이 만들어진다. 하지만 모성으로부터 너무 멀어지면 이제 큰 행성을 만들 재료가 부족하다. 예를 들면 태양 중력의 영향을 덜 받는 천왕성이나 해왕성이 목성이나 토성보다 작은 이유는 태양으로부터 멀리 떨어질수록 행성을 만들 재료도 줄어들기 때문이다. 그래서 대형 기체 행성은 모성으로부터 적당한 거리에 존재하는데 대부분 거주 가능 구역 바로 바깥이다.

거주 가능 구역(habitable zone)이란 골디락스 존(Goldilocks zone)이라고도 하는데, 행성에 대기가 없다는 전제하에 표면에 물이 액체로 존재

| 그림 1 | 기체 행성의 형성은 솜사탕(cotton candy) 만들어지는 과정과 유사하여 "솜사탕 모델"이라고도 한다.

할 수 있는 온도를 가진 구역을 뜻한다. 이는 행성의 표면에 1 m^2당 1초에 얼마의 에너지를 받느냐로 결정한다.

하지만 금성처럼 대기가 짙으면 이 추정은 맞지 않는다. 금성은 이산화탄소 행성으로 표면 온도가 460도에 이르러 납이 녹는다. 골디락스 존은 표면에 생명체의 존재 가능성이 있다는 뜻일 뿐이다. 골디락스 존이 아니더라도 뜨거운 행성은 공중에, 차가운 행성은 지하에 생명체가 존재할 수 있다.

태양계의 경우 8개의 행성 중에 금성-지구-화성의 3개가 거주 가능 구역에 있으므로 3/8 = 37.5%에 해당한다. 별 하나가 평균 3개의 행성을 가지고 있고, 행성들의 약 1/3이 거주 가능 구역에 있으므로, 우주에 있는 거주 가능 구역 행성의 개수는 대략 우주에 있는 별의 개수와 비슷하다고 보면 된다.

카이퍼벨트에는 행성을 만들 재료가 부족하여 해왕성보다 더 큰 행성이 존재할 가능성이 거의 없다고 본다. 따라서 9번째 행성은 아주 크다고 해도 미니 해왕성급으로 지구와 해왕성의 중간 크기라고 추측하는 것이다.

하지만 나는 카이퍼벨트의 왜행성들은 궤도가 특정한 방향으로 크게 찌그러진 것을 거대한 9번째 행성 때문으로 보지 않는다. 9번째 행성 외에도 카이퍼벨트의 왜행성들의 궤도를 찌그러뜨릴 다른 방법이 있기 때문이다.

우리 태양계는 수만 년, 혹은 수십만 년마다 주변의 다른 항성계와 스친다. 이때 양쪽의 외곽 행성들이 두 항성의 중력의 영향을 받아 궤도가 틀어지는 것이다. 이 경우 두 항성계 사이에 행성 교환이 일어나기도 한다.

천체는 고정적이지 않다. 행성도 옮겨가고 위성도 옮겨간다. 모성이 없는 떠돌이 행성(Rogue planet)은 항성계에서 태어났으나 항성들 또는 행성들 사이의 충돌로 항성계에서 튕겨 나간 행성들로 크기가 작은 암석 행성이다. 반면에 항성이 만들어지는 과정에서 질량이 부족하여 항성이 되지 못하고 행성으로 머문 경우가 있는데 대부분 크기가 큰 기체 행성이다. 최근에는 이런 떠돌이 행성들이 항성계 행성들만큼이나 많다고 하는데, 그만큼 우주에서는 중력에 의한 충돌이 자주 일어난다는 뜻이다.

17 / 태양에 가장 가까웠던 별

현재 태양에서 가장 가까운 별은 태양 비슷한 별 2개와 적색왜성 1개로 이루어진 알파 센타우리(센토리)라고 부르는 3성계다. 약 4.2 광년 떨어진 별인데 아쉽게도 우리가 사는 북반구에서는 보이지 않고 남반구에서만 보인다.

항성계란 고정된 것이 아니고 끊임없이 움직이며 은하계 중심을 공전하고 있다. 알파 센타우리도 어느 정도 시간이 지나면, 마치 현재의 북극성이 다른 별에 북극성의 지위를 물려주고 멀어지듯, 다른 별에 가

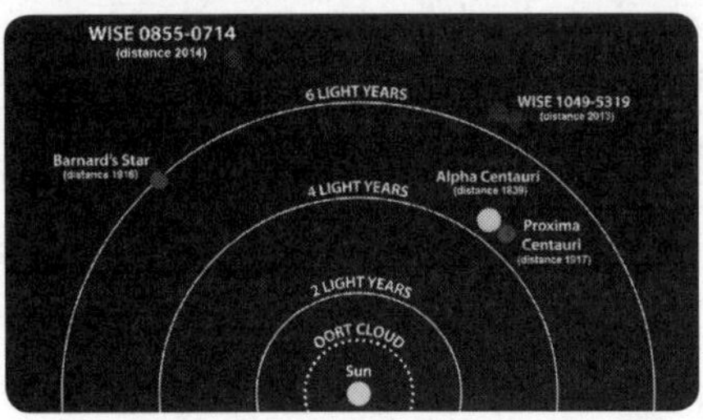

| 그림 1 | 태양계의 이웃별. 지금은 알파 센타우리가 가장 가깝지만 태양이 은하계 중심을 공전하므로 시간이 지나면 상대적인 위치와 거리가 달라진다.

장 가까운 별이라는 타이틀을 넘겨주게 된다. 그러면 과거에 태양에서 가장 가까웠던 별은 무엇일까?

이 문제는 쉽지 않은데 그 이유는 지구 역사 45억 년 동안의 주변 별 하나하나의 궤적을 모두 조사할 수 없기 때문이다. 대신 현재의 가까운 별에 관해서 궤도를 역 추적하여 과거로 가면 어떤 궤적을 따라와서 현재의 위치에 이르렀는지를 대충은 알 수 있다. 물론 최근의 기록만 알 수 있다는 뜻이지 더 먼 과거까지 알 수 있다는 뜻은 아니다.

숄츠(Scholtz)라는 천문학자가 약 20 광년 떨어진 어떤 별을 보니 움직이는 궤도가 보통의 별과 반대 방향이었다고 한다. 이 별은 1개의 적색왜성과 1개의 갈색왜성으로 구성된 쌍성계였다. 이 별의 궤도를 과거로 추적하였더니 약 7만 년 전에 태양계와 충돌하는 모습이 보였다는 것이다. 그래서 이 별을 발견자의 이름을 따서 "숄츠별"이라고 부른다.

별의 충돌이란 항성과 항성 사이의 거리가 항성계 반경 이내로 접근하는 것이다. 예를 들면 태양계와 충돌한다는 말은, 태양계의 반경이 약 2 광년이므로,[1] 다른 항성이 태양으로부터 2 광년 이내의 거리에 들어온다는 뜻이다.

계산에 의하면 이 항성계가 태양계의 중심으로부터 0.8 광년의 거리까지 접근하였다고 하는데 이는 오르트구름지대를 통과하였다는 뜻이다. 당연히 이 쌍성계도 행성이나 혜성 같은 다수의 성간물질을 거느리고 있었을 것이고, 그러면 접근했을 때 양쪽 행성계에 대혼란이 발생할 수 있다.

---

1 Wikipedia에는 태양계 반경이 1.9 광년이다.

적색왜성이 오르트구름지대를 통과하면 중력으로 성간물질들을 흔들어 놓아 흡수하거나 튕겨 나가게 된다. 튕겨 나간 성간물질들은 태양의 중력에 의하여 태양계 중심부로 끌려 들어가게 되는데 이것이 혜성이다. 아마 7만 년 전에 대규모의 혜성군이 발생하였을 것이고, 이들 중 일부는 지구에도 떨어졌을 것이다.

그러면 이런 현상이 과연 7만 년 전에만 발생하였을까? 아마도 지구가 탄생한 후부터 지금까지 수없이 발생하였을 것이고, 그때마다 태양계를 흔들어 대규모 혜성군이 발생하여 태양계 중심부로 몰려들었을 것이다. 그리고 그들 중 일부는 지구에 떨어져 생명체의 대멸종을 초래했을 가능성도 있다.

18 / 지구 표면의 음속 계산

지표면에서 음속이 대략 330~340 m/s인 것은 대부분 아는 상식이다. 그리고 이는 대기의 온도와 압력과 밀도에 의존한다. 그런데 이를 측정해보지 않아도 대기의 조성 성분과 대기압만 알면 대략적인 값을 알 수 있다.

전자기파의 속력은 다음처럼 주어진다.

$$\text{속력} = \frac{1}{\sqrt{\text{유전률}}}\frac{1}{\sqrt{\text{투자율}}}$$

유전율(전기유전율, ε)은 물질의 전기적 반응이고 투자율(자기투자율, μ)은 물질의 자기적 반응인데, 물질의 모든 전기적, 자기적 성질은 오로지 유전율과 투자율의 두 가지 요소로만 결정되며 다른 요소는 없다.

임피던스란 파동이 매질을 진행하며, 얼마나 같은 물질인지 또는 얼마나 다른 물질인지를 판별하는 정도인데, 전기적 반응과 자기적 반응의 비율이다. 그래서 임피던스가 달라지면 에너지를 소모하면서 일을 한다. 전자기파는 유전율과 투자율의 비로 임피던스가 결정되는데 비가 같으면 임피던스가 같은 물질로 인식하여 일을 하지 않는다.

$$임피던스 = \frac{\sqrt{투자율}}{\sqrt{유전율}}, \text{ 또는 } Z = \frac{\sqrt{\mu}}{\sqrt{\epsilon}}$$

그런데 유전율과 투자율로 직접 임피던스를 조절하기가 어려워 대신 가져온 것이 *R*, *L*, *C*다. 이는 재료기술의 한계 때문에 어쩔 수 없는 선택이었다. 흔히 *L*을 음의 *C*, *C*를 음의 *L*이라고도 한다. 즉, *C*와 *L*도 음수가 될 수 있다.

음속 같은 역학 파동의 속력도 전자기파의 경우와 유사하여 다음과 같다.

$$속력 = \frac{1}{\sqrt{압축률}}\frac{1}{\sqrt{밀도}} = \frac{\sqrt{탄성계수}}{\sqrt{밀도}}$$

밀도(density, ρ)는 물질이 얼마나 무거운지를 뜻하고, 압축률(compressibility, α)은 물질이 외부 압력에 변형되기 쉬운 정도를 뜻한다. 이 역수는 탄성계수(modulus) 또는 탄성률로 외부 압력에 변형하지 않고 버티는 정도를 뜻한다. 물질의 모든 기계적 성질도 얼마나 무거운지를 결정하는 밀도와, 얼마나 잘 휘어지는지를 결정하는 압축률의 딱 2가지로 결정된다. 다른 요소는 없고 임피던스란 이 둘의 비율이다.

$$임피던스 = \frac{\sqrt{밀도}}{\sqrt{압축률}}, \text{ 또는 } Z = \frac{\sqrt{\rho}}{\sqrt{\alpha}}$$

역학파는 매질을 통과하다 압축률과 밀도의 비가 같으면 임피던스가 같은 물질로 인식하여 일을 하지 않고, 달라지면 다른 물질로 인식하여 일을 한다. 수파를 예로 들면 물이 흐르면서 폭포를 만나거나 댐을 만나면 임피던스가 달라지는데 이때 에너지를 소모하여 일을 하게 된다. 따라서 전자기파나 역학파나 기본적으로 같은 파동 구조라는 것을 알 수 있다.

공기 중 파동의 탄성계수는 비열비에 대기압을 곱한 값이다. 비열비란 정압비열을 정적비율로 나눈 값으로서 대기의 조성분자에 의해 결정된다. 질소와 산소가 주성분인 대기는 막대형 분자로서 비열비가 1.4다.[1]

대기압은 약 10^5 Pa이고, 공기의 밀도는 고도에 따라 변하는데 해수면에서 약 1.25 kg/m^{3}이다. 그러면 지표면에서의 공기 중 파동의 속력인 음속을 근사적으로 계산할 수 있다.

$$\text{음속} = \frac{\sqrt{1.4\times10^5}}{\sqrt{1.25}} = \frac{\sqrt{14}}{\sqrt{1.25}}\times100\,[\mathrm{m/s}] = 335\,[\mathrm{m/s}]$$

이는 외계에서도 적용이 가능하여 다른 행성에서도 대기압과 대기의 조성 성분만 알면 행성 표면에서의 음속을 대략 알 수 있다.

수중음속도 이와 유사하게 구할 수 있다. 물은 초고압의 심해가 아닌 한 밀도가 약 10^3 kg/m^{3}이고 체적탄성계수가 약 2.2×10^9 Pa이므로 수중음속을 다음처럼 구한다.

$$\text{수중음속} = \frac{\sqrt{2.2\times10^9}}{\sqrt{10^3}} = \sqrt{2.2}\times10^3\,[\mathrm{m/s}] = 1{,}480\,[\mathrm{m/s}]$$

흔히 열역학이나 유체역학을 MPa(메가 파스칼) 역학이라 하고 고체역학(재료역학)을 GPa(기가 파스칼) 역학이라고 하는데, 열역학이나 유체역학은 MPa 정도의 압력이 가해져야 유효한 변형이 일어나고, 고체역

1 열역학의 에너지등분배 정리로 간단히 알 수 있다.

학은 이보다 천배가 큰 GPa 정도의 압력을 가해야 유효한 변형이 일어나기 때문이다.

전자기파를 소멸시킨다는 것은 유전율이나 투자율 중의 하나를 음수인 것처럼 행세하게 만드는 것이다. 그러면 파동의 속력이 허수로 바뀌어 파동이 진행하며 소멸한다. 역학파를 소멸시킨다는 것은 압축률이나 밀도 중의 하나를 음수인 것처럼 행세하게 만드는 것이다. 그러면 파동의 속력이 허수로 바뀌어 파동이 진행하며 소멸한다. 이것이 전자기파 스텔스와 음향 스텔스의 기본 개념이다.

왜 루트를 묶어서 계산하지 않고 저런 식으로 나누어 계산하는지 의아하게 생각하는 사람이 있을 수 있어 문제를 하나 낸다. 어디가 잘못되었는가?

$$-1 = i \times i = \sqrt{-1} \times \sqrt{-1} = \sqrt{(-1) \times (-1)} = \sqrt{1} = 1$$

19 / 외계 행성 발견과 2019년 노벨물리학상

2019년 노벨물리학상은 [그림 1]의 최초로 태양계 밖의 외계 행성을 발견한 두 천체물리학자인 마이어와 켈로즈, 그리고 우주진화론에 기여한 이론물리학자인 페블즈에게 주어졌다. 마이어와 켈로즈는 사제관계다.

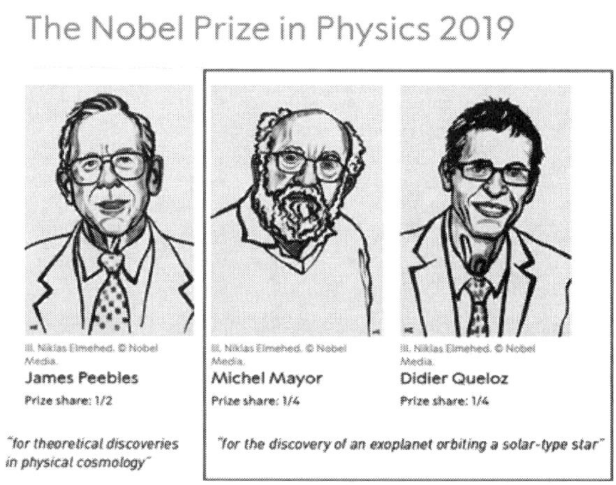

| 그림 1 | 2019년 노벨물리학상 수상자

하늘에 수많은 별이 있는데 이들도 태양처럼 여러 행성과 위성들을 거느리고 있으리라는 것은 상식이다. 하지만 망원경으로는 보이지 않으니 입증이 어려웠다.

1995년에 두 명의 천체물리학자가 51 페가시(Pegasi)라는 별을 관측하다가 별빛이 주기적으로 약간 푸르러졌다가 붉어졌다가 하는 것을 보았다. 이것은 과거에 이미 여러 사람이 본 것으로 별을 관측하다 보면 종종 나타나는 지극히 평범한 현상 중의 하나였다.

모든 파동은 관측 대상의 거리가 멀어질 때는 파장이 길어지고(붉어지고) 가까워질 때는 파장이 짧아지는(푸르러지는) 도플러효과를 한다. 별에서는 이를 [그림 2]의 '워블(wobble)' 또는 '떨림'이라고 하는데, 여기서 두 학자는 별이 큰 행성을 갖고 있기 때문이라고 결론을 내렸다. 그리고 행성의 거리와 질량 등을 계산해 보니 별 아주 가까이에 목성 같은 거대한 기체 행성이 공전하고 있었다. 이를 51 Pegasi-b라 하는데, 모행성이 51 Pegasi-a이므로, 행성이 발견되면 발견된 순서대로 b,

| 그림 2 | 워블의 간단한 실험.[1] 사람(별)이 둥근 쇳덩어리(행성)를 줄로 연결하여 빙빙 돌리게 되면, 먼 거리서 저 사람을 보았을 때, 마치 주기적으로 떠는(흔들리는) 것처럼 보인다.

---

1 Youtube

c, d의 알파벳순으로 명명한다.
항성 근처에서는 모항성에 가스를 다 뺏기므로 목성 같은 거대 기체행성이 만들어질 수 없고 암석 행성만 가능하다. 이 경우는 원래 행성이 아주 먼 거리에 있었는데 점차 안으로 궤도가 이동한 것이다. 따라서 종국에는 모항성에 충돌하여 사라지게 된다.

이런 모항성 부근의 거대한 기체 행성을 "뜨거운 목성(hot Jupiter)"이라고 하는데 우주에 예상외로 많다는 것을 알게 되었다. 즉 행성의 궤도는 고정되어 있지 않고 항상 변한다. 예를 들어 태양이 진화하여 적색거성이 되어 부풀어 오르면 지구의 공전궤도도 팽창하여 바깥으로 밀려나간다.[2]

[그림 3](a)는 노벨물리학상을 받은 논문의 그래프로 저자들은 단 1편의 논문으로 노벨물리학상을 수상했다. 우리나라는 무조건 논문을 많이 쓰는 사람을 권위자로 인정하는 분위기지만, 논문을 많이 쓴다고

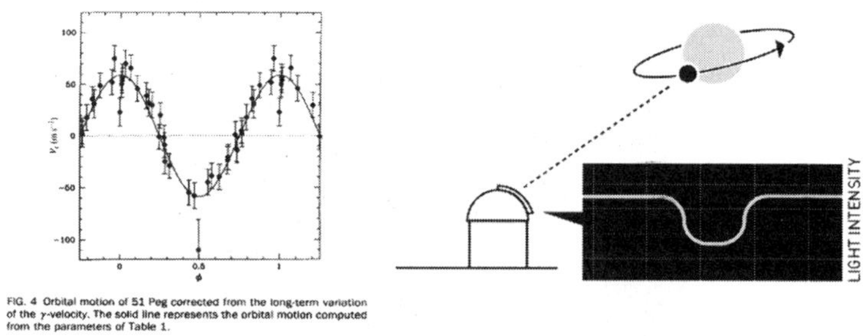

(a) (b)

| 그림 3 | (a) 항성의 주기적 떨림인 워블을 관측한 그래프. (b) 전이법의 원리. 빛을 내지 않는 행성이 빛을 내는 항성 앞을 지나가면 통과 기간에 항성의 빛이 극미하게 어두워진다.[3]

---

2 과거에는 태양이 적색거성이 되면 지구 궤도까지 팽창하여 지구를 삼킬 것으로 보았으나 지금은 바뀌었다.

3 노벨상재단 홈피

노벨상을 받는 것이 아니라 1편을 쓰더라도 노벨상 받을만한 논문을 써야 받는다. 이것은 마치 영화를 찍는 것과 비슷하여, 무조건 영화를 많이 찍었다고 유명 감독이 되는 것이 아닌 것과 같다. 외계 행성을 찾는 방법은 여러 가지인데 오늘날 가장 많이 사용되는 방법은 [그림 3] (b)의 전이법(transit method)이다. 행성이 항성 앞을 지나가면 지구에서 볼 때 항성의 별빛 세기가 0.1~1% 정도 극미하게 줄어든다. 하지만 이 방법의 단점은 행성의 공전 방향에 따라서는 행성을 볼 수 없고, 또 화성급 이하 너무 작은 행성은 관측이 어렵다는 것이다.

20 / 제임스 웹 우주 망원경

미국 항공 우주국이 1990년에 쏘아 올린 허블 우주 망원경이 수명을 다하여 2021년에 제임스 웹 우주 망원경(James Webb Space Telescope, JWST)을 쏘아 올렸다. 제임스 웹은 미국 항공우주국 제2대 국장을 지낸 사람의 이름이다. 허블 우주 망원경은 무려 30년을 사용했는데 제임스 웹 우주 망원경은 20년 정도를 사용할 예정이라고 한다.

제임스 웹 망원경의 주 거울은 [그림 1]처럼 금으로 만든 육각형 거

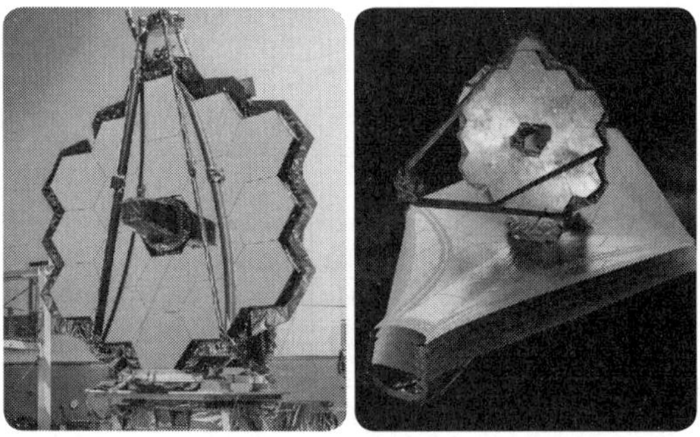

|그림 1| 미국 항공우주국의 제임스 웹 우주 망원경 제작 장면과 우주에 올라간 모습

울 18개를 벌집처럼 이어 붙여 만든 것으로 전체 지름이 6.5 m다. 이전의 허블 망원경은 지름이 2.4 m이므로 약 3배다. 관측 성능은 허블 망원경의 약 100배다.

망원경의 수명은 부품의 수명과 소프트웨어의 수명에 의하여 결정된다. 예를 들면 휴대전화도 10년을 사용하면 하드웨어보다 소프트웨어 때문에 더 이상 사용할 수 없게 된다. 제임스 웹 망원경은 허블 망원경보다 30년 후에 만들어졌는데, 제작하여 2021년에 우주에 올리는데 약 100억 달러가 소요되었다고 한다.

우주는 멀리 있는 모습일수록 오래된 모습이므로 138억 광년 떨어진 곳에서 온 빛은 우주가 태어날 무렵의 모습이다. 따라서 가장 멀리 떨어져 있는 초기 우주와 현재 우주 사이의 우주 진화를 탐구할 수 있다.

가시광선, 근적외선 및 중간적외선(파장: 0.6~28.5 μm) 등을 사용할 수 있어서 우주의 다양한 모습을 볼 수 있다고 한다. 다양한 천체를 관측하기 위해 초고해상도의 적외선 카메라를 비롯한 첨단기기 4종을 탑재하고 있다.

제임스 웹 망원경은 우주의 신비에 더욱 가까이 다가가기 위한 '인류의 눈'으로 우주 관측역사의 새 시대를 열 것이란 평가다. 허블 망원경으로 직접 볼 수 없었던 외계 행성의 모습을 직접 볼 것이고, 나아가 외계 위성도 관측한다고 한다고 하는데 외계 위성의 모습이 어떨지 매우 궁금하다. 우선 태양계 내의 목성이나 토성 같은 거대 기체 행성의 여러 위성들부터 관측될 것이다.

21 / 외계 행성들의 지구유사도

외계 행성을 많이 발견하다 보니 지구유사도(ESI; earth similarity index)라는 것을 만들게 되었다. 지구를 최댓값인 1로 두고 중력가속도와 표면의 평균 온도 등 여러 요소를 종합하여 지구유사도를 매기는데, 금성은 0.4 부근이고 화성은 0.7 부근이다. ESI가 0.9 이상이면 제2의 지구 또는 Earth 2.0이라 해서 대기 문제만 어느 정도 해결된다면 인류가 거주할 만한 행성으로 본다.

이웃별 중에 가장 가까운 지구행 행성은 4.2 광년 떨어진 프록시마 b로 처음에는 ESI가 0.9가 넘었었는데 지금은 0.87로 조금 내려갔다. 그 외에 티가든(Teegarden)-b, 로스(Ross)128-b, 루이텐(Luyten)-b 등이 ESI가 0.9 이상으로 미래에 인류가 이주할 수 있는 후보지로 거론되고 있다. 이웃별이란 현재는 20 광년 이내인데 준광속 우주선으로 우주인이 평생 왕복할 수 있는 거리다. 하지만 초광속 우주선이 출현한다면 이웃별의 범위도 확장될 것이다.

그 외에 ESI가 0.9 이상인 것이 트래피스트-1 d와 e다. 표면 평균 온도가 영하 23도인 e가 표면 평균 온도가 9도인 d보다 지구유사도가 높은 이유는, 지구와 중력이 거의 비슷하며, 중심에 큰 핵이 있고, 또 두꺼운 대기층이 있을 것이라는 가정 때문이다.

행성의 표면 온도는 지구처럼 자전체인 경우의 평균 온도이므로 모항성의 조석력에 의하여 면 고정(tidally locked)으로 자전하지 못하는 행성의 경우에는 표면 온도가 다르게 평가되어야 할 것이다. 즉 모항성을 향하는 면은 항상 낮이므로 표면 온도보다 매우 높고, 그 반대편은 항상 밤이므로 표면 온도보다 매우 낮을 것이기 때문이다. 따라서 면 고정 행성의 표면 온도란 밤과 낮의 경계구역(twilight zone) 온도를 뜻한다.

지구에서 생명체가 사는 데 가장 중요한 것은 대기다. 생명체의 진화에 가장 큰 영향을 주는 것도 기후다. 현재까지의 연구는 외계 행성의 대기 평가가 잘 이루어지지 않았는데 앞으로 대기의 성분이 추가되면 지구유사도도 크게 바뀔 것이다.

생명체의 존재 가능성은 행성의 나이에 크게 의존하는데 이것도 반영되면 재미있는 결과가 나올 것이다. 예를 들면 알파 센타우리 프록시마는 나이가 약 50억 년으로 46억 년이 태양계와 비슷하다. 행성의 나이가 중요한 이유는 지구를 기준으로 보았을 때, 단세포 생명체가 탄생하려면 10억 년이 필요하고, 다세포 생명체가 탄생하려면 20억 년이 필요하고, 복잡한 생명체가 탄생하려면 40억 년이 필요하고, 지적 고등생명체가 탄생하려면 45억 년이 필요하다고 보기 때문이다.

프록시마-b는 모항성으로부터 지구가 태양으로부터 받는 양의 약 천배에 이르는 방사능을 받고 있어, 만일 생명체가 발견된다면 항성의 반대 면이거나 방사능이 깊이 들어오지 못하는 물속일 가능성이 크다.

외계 행성의 거주 가능 구역에서만 생명체가 존재할 수 있느냐 하면 그렇지는 않다. 이는 분자 단계에서 물이 주성분인 지구형 생명체의 존재를 가정하는 것일 뿐이지 다른 형태의 생명체 존재까지 부정하는 것은 아니다.

참고로 지구 생명체의 기준은 다음 2가지 조건을 만족해야 한다. 소위 '천물조건'이라고 하는데,[1] ① 원자단계에서 천(C, H, O, N)이 주성분(50% 이상)이고, ② 분자단계에서 물(H_2O)이 주성분인 생명체를 뜻한다. 외계 생명체란 지구 생명체가 아닌 생명체를 뜻한다. 이렇게 외계 생명체를 사는 지역을 제외하고 정의하면, 조금 이상하기는 하지만, 외계에서도 지구 생명체를 발견할 수 있고, 지구에서도 외계 생명체를 발견할 수도 있다.

---

1 『과학의 쉬는 시간』(북스힐, 2017), p. 48, 외계 생명체란 무엇일까?

22 / 알파 센타우리 프록시마

태양계에서 가장 가까운 별이 남반구에서만 보이는 약 4.2 광년 떨어진 알파 센타우리 3성계인데, 태양보다 10% 크고, 10% 작은 주계열성(알파 센타우리 A, B) 2개와, 태양 질량의 12% 정도 되는 적색왜성 알파 센타우리 프록시마(간단히 프록시마) 1개로 구성된 3성계다. 당연히 항성계 규모는 단성계인 우리 태양계보다 훨씬 크다.[1]

이 중에 프록시마는 행성을 3개 가지고 있는데 프록시마가 a이므로, 여기서 행성이 발견되면 b부터 c, d, 하는 방식으로 소문자로 알파벳을 붙여가는 것이 명명법이다.

프록시마-b는 모성인 프록시마를 한 번 공전하는 데 약 11일이 걸리고, 거주 가능 구역에 존재하며 지구와 크기나 밀도 등이 거의 유사하여 현재 지구유사도가 0.87이다. 프록시마-b의 대기에서 유의미한 양의 수증기가 관측되어 표면에 거대한 바다가 있을 것으로 본다.

---

1 『과학의 쉬는 시간』(북스힐, 2017) p. 85, 태양계의 이웃별, 알파 센타우리.

모성에 너무 가깝게 붙어 있어서 자전하지 않고 항상 같은 면을 향하는 면 고정으로 추정되어 모성을 향하는 면은 뜨겁고 반대 면은 차갑지만, 바다나 짙은 대기가 있으면 대류가 일어나 아주 큰 온도 차이는 발생하지 않을 것으로 본다.

프록시마-c는 모성에서 1.5 AU나 떨어져 있어 표면 온도가 영하 200도로 매우 춥지만, 천왕성 같은 주성분이 기체인 행성은 아닐 것으로 본다. 질량이 지구의 약 7배로 측정되었는데, 지름은 지구의 약 2~3배, 부피는 지구의 약 10~20배인 대형 얼음 행성으로 추정된다.

천왕성이나 해왕성 같은 중간 크기 기체 행성은 목성이나 토성 같은 거대 기체 행성과 구분하기 위하여 "얼음 행성"으로 부른다. 그 이유는, 거대 기체 행성보다 크기가 훨씬 작다는 점도 있지만, 행성의 주성분이 기체 행성의 수소와 헬륨이 아니라 물과 암모니아와 메탄 같은 성분들이기 때문이다.

최근에 프록시마-b 안쪽 궤도에 더 작은 행성이 있다는 발표가 나왔다. 그러면 프록시마-d라고 명명한다. 남반구인 칠레 천문대에서 관측하여 발견했는데 지구와 화성의 중간 크기일 것이라고 한다. 발견한 방법은 모성이 흔들리는 것을 측정한 것인데 이를 "반지름 속도(radial velocity) 방법"이라 한다.

현재까지 발견된 외계 행성은 천왕성 크기의 기체 행성이 가장 많고, 다음이 목성 크기의 대형 기체 행성이며, 세 번째가 지구형 암석 행성이고, 지구보다 다소 큰 슈퍼 지구형 행성과 화성급의 미니 행성은 매우 적다.

화성급이 적은 이유는 크기가 너무 작아 현재의 기술로는 관측하기 어렵기 때문이다. 프록시마-d는 화성보다 크지만 화성급 행성이라고 볼 수 있다.

- 화성: 지구대비 질량은 10%, 부피는 15%, 지름은 50%
- 프록시마-d: 지구대비 질량은 25%, 부피는 35%(추정), 지름은 70%(추정)

프록시마-d는 표면 평균 온도가 90도로 뜨거워 생명체는 살 수 없을 것이라고 한다. 마치 뜨거운 사막 같을 것이라고 한다. 프록시마-b와 마찬가지로 면 고정일 가능성이 큰데, 그런 경우 모성을 향하는 반대 면은 그렇게 뜨겁지 않을 수도 있다. 그러면 뒷면에는 물도 있을 수 있으니 우주선을 프록시마-d 뒷면에 착륙시키면 된다.

23 / 레이저 추진 방패연 우주선

4.2 광년 떨어진 프록시마-b가 지구에서 가장 가까운 거주 가능 외계 행성으로 관심이 크지만, 현재의 보이저호 우주선으로 가면 편도에만 7만 5천 년이 걸린다. 따라서 여러 가지 다른 방법들이 연구되고 있는데 대표적인 것이 레이저 추진 방패연 우주선이다.

방패연 모양의 우주선을 여러 개 지구 궤도로 올린 후, 지구 표면에 설치된 강력한 적외선(near-infrared) 레이저로 쏘아 광속의 20%까지 가속한다는 것인데, 그러면 프록시마-b에 20여 년이면 갈 수 있다. 하지만 이를 실행에 옮기는 데는 아직도 많은 기술적인 어려움들이 있다. 우주선의 크기와 질량이 미정인데, 크기는 클수록 좋고, 질량은 작을수록 좋아서 서로 모순되는 개념이다.

알파 센타우리가 보이는 남반구 지표면에 [그림 1]처럼 강력한 레이저를 수천 개 설치하여 수백 GW급 전력으로 우주선을 가속한다는 것인데, 원자력 발전소 1기가 1 GW급이다. 따라서 그런 강력한 레이저 군집을 만드는 것도 쉽지 않다.

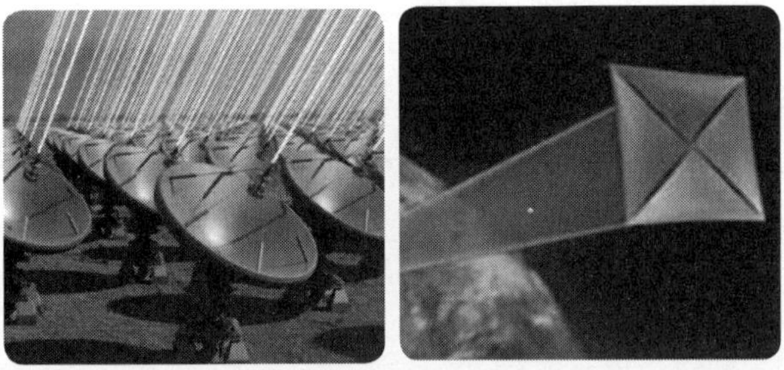

| 그림 1 | 수백 기가 와트 레이저를 이용한 "스타샷(star shot) 프로젝트" 상상도

우주선에는 엔진과 연료는 없고 중앙부에 태양광으로 작동하는 카메라와 송 · 수신 장치를 가진 CPU만 탑재하는데 총질량을 몇 그램 정도로 가볍게 만들어야 한다. 영하 270도의 진공에서 우주 먼지들과의 충돌을 이겨내고 20년 동안 작동해야 한다.

우주선 두께는 얇을수록 좋은데 레이저에 타지 않고 반사율이 매우 높은 물질로 제작해야 한다. 초소형 렌즈로 우주에서 프록시마 표면을 촬영하여 지구로 송신해야 하는데 그런 렌즈가 가능한지도 의문이다.

항해하면서 주변의 별자리를 촬영하여 탑재된 별자리와 비교하여 항로를 수정한다. 태양계 주변의 항성계도 함께 은하계 중심을 공전하므로 20년 동안에 별자리가 크게 바뀌지 않는다. 우주선을 천 개 보내면 우주먼지와의 충돌을 피하여 한두 개 정도 도착할 것으로 기대한다.

프록시마-b에 도착하면 그냥 통과하거나, 인공위성이 되어 프록시마-b를 공전하거나, 충돌하여 대기권에서 타버리는 방법이 있는데, 국제학회에서 이를 발표한 사람에게 물어보니 그냥 통과할(pass-by) 것이라고 한다. 프록시마-b의 인공위성이 되어 공전하며 사진을 찍어 지구로 우송하면 좋겠지만, 그러기 위해서는 감속할 수 있는 엔진과 연료가 필요하다.

사진을 찍으려면 행성 주변을 천천히 통과해야 하는데, 광속의 20%로 행성 부근을 지나가면 과연 사진 찍을 충분한 시간이 있겠느냐도 문제다. 따라서 엔진 없이 우주선을 감속할 수 있는 새로운 방법이 필요하다.

24 / 우주 축지법

물리학 이론에 따르면 어떤 물체도 빛보다 빠르게 가지 못한다. 입자가속기로 실험을 해보면 입자의 속력이 광속에 접근할수록 무거워져, 광속에서는 질량이 무한대가 되어 결국 광속의 벽을 뛰어넘을 수 없다. "질량은 상수라고 배웠는데 왜 커집니까?"하고 물을 수 있는데 엄밀히 말하면 질량이 아니라 '정지질량'이 상수다.

태양계에서 가장 가까운 항성계가 알파 센타우리인데 4.2 광년이다. 광속으로 가도 가는 데만 4년이 넘으니 항성 간이 아니라 은하계 간 여행은 불가능한 것처럼 느껴진다. 우리 은하계에서 가장 가까운 은하인 안드로메다 은하계가 250만 광년 떨어져 있는데 이런 은하가 우주에 천억 개가 있다. 우주여행 속력에 따른 우주 문명의 3단계가 다음과 같다.

- **1단계: 광속 수준으로 가는 단계** - 항성계 내부를 여행하는 단계
- **2단계: 광속의 천배 정도로 가는 단계** - 다른 항성계를 여행하는 단계
- **3단계: 광속의 백만 배 정도로 가는 단계** - 다른 은하계를 여행하는 단계

1단계 문명의 우주선은 속력을 다음처럼 숫자로 표시할 것이다.

속력 1 : 1-나인, 광속의 90.%

속력 2 : 2-나인, 광속의 99%

속력 3 : 3-나인, 광속의 99.9%

속력 4 : 4-나인, 광속의 99.99%

…

아쉽게도 인류의 문명은 아직 1단계에도 미치지 못한다. 현재 가장 빠른 우주선이 광속의 1만분의 1도 못 된다.

광속에 접근할수록 시간이 천천히 흐르니 미래로 가는 원리는 단순하다. 광속에 접근하는 우주선으로 1년을 여행했는데 지구는 백만 년이 지났다면, 우주선을 감속하여 지구로 돌아오면 백만 년 후로 가는 것이다. 결국 현대물리학의 타임머신은 광속 우주선이다. 하지만 과거로는 못 간다. 열역학 제2법칙인 "엔트로피 증가 법칙"에 막혀있기 때문이다.

그런데 이동에 광속을 뛰어넘지 못하는 것은 아니다. 1990년대에 미구에라라는 멕시코 물리학자가 물리법칙을 어기지 않으면서 광속보다 빨리 가는 방법을 제안한 일이 있다. 이 문제는 '공간이 무엇이냐?'라는 질문으로 돌아가는데, 공간이란 휠 수도 있고, 둥글게 말 수도 있고, 접을 수도 있고, 구멍을 뚫을 수도 있고, 찢어 붙일 수도 있고 하여 마치 종이접기와 비슷하다는 것이다. 그리고 그 도구는 강력한 중력, 즉 막대한 에너지다.

우주선이 비행하는데 우주선 앞의 공간을 접어 우주선 뒤에서 펴면서 가는 것이다. 우주선이 공간만 접었다 펼 수 있으면 얼마든지 빛보다 빨리 갈 수 있다. 이를 "우주 축지법(warp drive)"이라 하는데 이미 수백 년 전에 우리 조상들이 한 이야기다. 즉 땅(공간)에서 두 지점 사이의 거리를 좁혀서 간다는 뜻이다. 미구에라가 미국 유학시 지도교수와 함께 논문으로 발표했는데 학생의 엉뚱한 생각을 받아준 지도교수가 훌륭하다.

현재의 우주선 이동 방식은 뉴턴의 제3법칙인 작용-반작용인데, 우주 축지법은 에너지로 공간을 구부려 압축하는 것이니 뉴턴 제3법칙의 한계에서 탈출하는 것이다. 이 방법 외에도 초광속 이동 방법은 앞으로도 계속 나올 것이고, 그중에 실현될 수 있는 것이 가까운 미래에 나올 것으로 확신한다. 젊은 과학도의 도전을 기다린다.

25 / 제임스 웹 망원경으로 본 트래피스트-1 행성계

트래피스트(Trappist)-1은 지구에서 약 40 광년 떨어진 적색왜성으로 [그림 1]처럼 7개의 지구형 행성을 가지고 있다. 지구형 행성이란 크기와 밀도와 중력 등의 물리적 특성이 지구와 비슷한 암석 행성이라는 뜻이다.

트래피스트-1은 7개의 지구형 암석 행성이 적색왜성을 공전하고 있

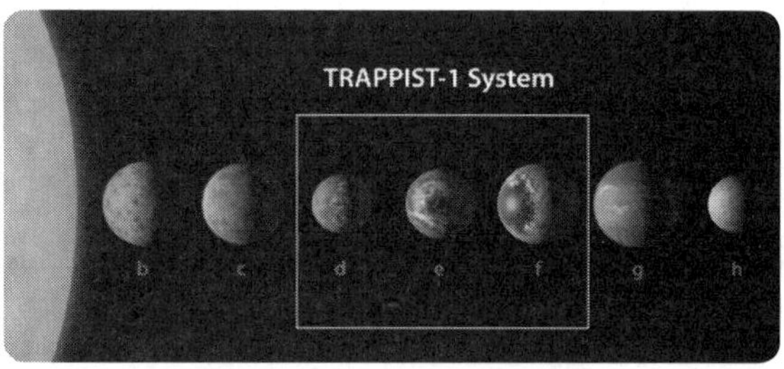

| 그림 1 | 트래피스트-1 행성계의 7개의 지구형 행성 상상도.[1] 중앙 사각형 내의 3개가 표면에 액체 상태의 물이 기대되는 거주 가능 구역에 있다.

1 Wikipedia

는데 모두 "면 고정" 혹은 "조석 고정"으로 추정된다. 조석 고정이란 모항성의 중력에 의하여 발생하는데 달처럼 행성의 한쪽 면이 항상 모행성을 바라보고 있어 지구 같은 자전이 없다.

이 행성계가 관심을 받는 이유는 망원경으로 관측이 가능한 상대적으로 가까운 거리에 있고, 지구형 행성이 무려 7개나 되는데 d, e, f의 3개가 거주 가능 구역에 있고, 특히 e는 지구와 매우 닮았다는 것 때문이다. 학자에 따라서는 g도 거주 가능 구역에 있는 것으로 본다.

거주 가능 구역이란 행성 표면에 물이 액체로 존재할 수 있는 행성이다. 물론 이것이 생명체 존재 가능 구역은 아니다. 생명체 존재는 표면 온도는 비록 낮아도 조석력에 의하여 내부가 따뜻하고 표면이 두꺼운 얼음으로 되어 있어 내부가 보호받는다면 얼마든지 가능하다.

참고로 지구 표면의 평균 온도는 약 14~15도다. 행성의 색을 관측하면 대기마다 고유한 파장의 빛을 흡수하므로 행성을 둘러싼 대기의 존재와 성분을 알 수 있다.

모항이 없는 떠돌이 행성들도 단행성, 쌍행성 등 여러 가지가 있는데, 항성이 있어야만 행성에 생명이 존재하는 것은 아니다. 이런 행성들도 내부에 에너지원만 있으면 생명이 존재할 수 있다. 이들은 우주를 떠돌아다니다 가까운 항성의 중력에 잡히면 다시 항성계에 들어가기도 한다.

(1) Trappist-1 b 행성

제임스 웹 망원경으로 맨 먼저 관측한 행성이 가장 안쪽의 b였다. 관측 전에 계산으로 예측한 표면 온도는 약 125도였는데 관측해 보니 230도로 약 2배 정도 높았다. 따라서 물을 기반으로 한 생명체의 존재가 어렵다.

참고로 금성은 다량의 이산화탄소 때문에 표면 온도가 약 460도로 납이 녹는 온도인데, 표면 온도 예측은 이런 짙은 이산화탄소 층의 존재를 가정하지 않고 하므로 금성은 실제 온도가 계산으로 구한 예측 온도보다 2배 이상 높은 경우다.

두 번째는 대기의 존재여부인데 수성처럼 대기가 거의 없는 행성이었다. 대기가 없으면 역시 생명체 존재가 어렵다. 일반적으로 예측보다 뜨거운 행성이 되려면 금성처럼 이산화탄소 같은 기체가 많이 있어서 온실효과를 일으켜야 하는데 기체 없이 예측보다 훨씬 높은 온도를 보이는 요인이 무엇인지 알 수 없다.

(2) Trappist-1 c 행성

제임스 웹 망원경으로 그 다음으로 관측한 행성이 c였다. 계산으로 예측한 표면 온도는 67도였는데 관측된 표면 온도는 107도로 역시 b처럼 약 2배 높았다. 평균이 107도라는 것이므로 부분적으로 물이 액체로 존재할 가능성이 있다. 지구도 표면의 평균온도는 14~15도이나 50도부터 -50도까지 다양하다. c가 면 고정이 예상되므로 모성을 면하지 않는 행성 뒷면은 107도보다 훨씬 낮아 물이 액체로 존재할 수 있다고 본다.

대기는 상당히 희박하다고 한다. 그런데 목성의 위성인 이오(IO)처럼 활발한 화산활동이 예측된다고 한다. 화산활동이 활발하면 공기 중으로 뿜어내는 이산화탄소 등 기체가 많을 것이다. 하지만 이오도 대기는 아주 엷다.

(3) Trappist-1 d 행성

다음에 측정될 행성이 드디어 거주 가능 구역에 있는 d다. 계산으로 예측된 표면 온도가 13도인데, 앞의 b와 c의 경우 2배정도 높았으므로, d도 26도 정도 될 가능성이 있다. 이는 매우 좋은 온도다. 하지만 아직 관측되지 않았다. 대기는 이전 두 개의 행성과 다르게 상당한 양이 존재할 것으로 보인다.

면 고정 행성은 모항성을 향하는 면은 항상 낮이고 뜨겁지만, 그 반대편은 항상 밤이고 춥다. 그리고 이 둘의 경계구역을 twilight zone이라고 하는데 항상 저녁이나 새벽인 만큼 여기가 온도가 적당하여 생명체가 존재할 영역으로 본다. 만일 우주선을 착륙시켜 생명을 찾는다면 이 지역에 착륙시키는 것이 좋다. 면 고정이라도 짙은 기류가 흐르고 동시에 거대한 바다가 존재하여 해류도 흐르면 밝은 면과 어두운 면의 온도차가 그렇게까지 심하지 않을 것이다.

(4) Trappist-1 e와 f 행성

거주 가능 구역 세 행성들 중에 나머지가 e와 f다. 표면 온도만 보면 d가 더 지구와 비슷하지만 중력가속도 등 여타 조건을 종합하면 e가 지구와 더 비슷하다. 만일 7개의 지구형 암석 행성들 중에 하나를 선택하여 우주선을 보낼 수 있다면 당연히 e다.

f는 표면 온도가 영하로 예상되지만 이는 평균치이므로 표면에 거대한 바다를 가질 것으로 예상한다. 따라서 여기도 생명체 존재 가능성을 가진다.

(5) Trappist-1 g와 h 행성

우주에서 외계 생명체 발견은 어렵지 않으나 인류 같은 사고하는 고등동물, 나아가 인류보다 뛰어난 외계문명은 찾기가 매우 어렵다고 본다. 우리가 그런 문명을 만나려면 공간적으로도 비슷한 곳에 있어야 하고, 시간적으로도 비슷한 곳에 있어야 하기 때문이다. 또 문명의 거리라는 것이 있어서 발전된 문명일수록 문명 거리가 길다. 따라서 인류가 인류보다 진보된 외계문명을 발견할 가능성보다 그런 진보된 외계문명이 우리를 먼저 발견할 가능성이 크다.

만일 트래피스트-1 행성계에 우리보다 압도적으로 진보된 문명을 가진 존재가 있다면 우리는 7개 중 어느 행성을 방문해야 할까? 답은 '아무 행성이나 방문해도 된다.'이다. 압도적으로 진보된 문명이라면 이미 행성 7개를 연결하여 모두 생명체가 살 수 있는 곳으로 변화시켰을 것이기 때문이다. 따라서 g나 h를 방문했는데 문명의 흔적이 없다면 인류보다 압도적으로 진보된 문명은 트래피스트-1의 다른 행성에도 없을 가능성이 크다.

26 / 하이시언 행성

별은 크기가 클수록 핵융합이 활발하여 수명이 짧다. 따라서 우주에는 태양 같은 수명이 짧은 주계열성보다 적색왜성 같은 수명이 긴 별이 훨씬 많다. 태양계 밖에 있는 외계 행성을 연구하다 보니 가장 많은 것이 적색왜성을 공전하고 있는 해왕성 크기의 행성들이었다.

외계 행성 중에 대략 지구 반지름의 약 2~3배 정도 되는 행성들을 흔히 슈퍼 지구(super Earth) 혹은 미니 해왕성(mini Neptune)이라고 부른다. 그런데 이들 중에 거주 가능 구역 주변에 존재하는 행성들을 따로 "하이시언 행성" 또는 "수소계 행성"이라고 부른다. 하이시언 행성(Hydrogen-Ocean)은 표면 대부분이 물로 덮여있을 뿐만 아니라 대기 중에 수소가 포함된 행성을 뜻한다.

행성이 모항성 가까이에 생성되면 가스를 모항성에 다 뺏겨 밀도는 커지나 반경은 작은 암석 행성이 되고, 반대로 모항성에서 멀면 밀도는 작으나 반경이 아주 큰 기체 행성이 된다. 그 결과 목성이나 토성은 수소와 헬륨이 주성분이다. 반면에 하이시언 행성은 수소가 이산화탄소

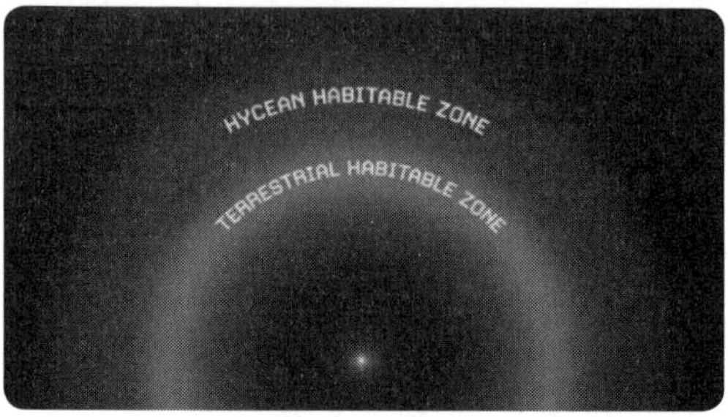

|그림 1| 거주 가능 구역을 둘로 나누어 바깥쪽을 하이시언 구역으로 부르기도 한다.[1]

처럼 온실효과를 일으키므로, 모항성으로부터 거리가 멀어 지구에 비해 받는 에너지가 상대적으로 적어도 표면에 거대한 바다가 있을 가능성이 높다.

지구의 생명체는 이산화탄소를 배출하므로 지구 온도가 점점 올라가 금성처럼 뜨거워 생명체가 살 수 없는 행성이 되지 않느냐고 생각할 수 있으나, 그 이산화탄소를 식물이 광합성에 사용하기 위하여 다시 흡수하므로 대기의 순환구조가 형성되어 금성 같은 일이 벌어지지 않는다.[2] 즉 식물이 지구를 구하는 것이다.

고생대에서 중생대로 변화하던 약 2억 5천 2백만 년 전에 시베리아판의 대규모 화산폭발로 이산화탄소가 과다 배출되어 온도가 급상승하여 생명체가 멸종할 뻔했으나 다시 살아난 것은 식물 생태계가 복원되어 이산화탄소를 흡수하여 광합성을 했기 때문이다.[3] 지구를 지키는 지구의 주인이 누구인가를 다시 한번 깨닫는다.

---

1 Youtube

2 『과학의 쉬는 시간』(북스힐, 2007), p. 50, 금성과 지구의 달라진 운명.

3 『과학의 쉬는 시간』(북스힐, 2007), p. 136, 페름기 대멸종과 파충류, 포유류의 탄생.

하이시언 행성은 비록 계산으로 예측된 표면 온도가 낮아도 수소의 온실효과로 인하여 받는 에너지에 비하여 따뜻할 가능성 있어서, 거주 가능 구역 약간 외곽이라도 바다가 존재하고 생명체가 있을 가능성이 높다. 거기에 면 고정이면 모항성을 바라보는 쪽은 행성 평균 온도보다 훨씬 따뜻할 것이다. 따라서 계산된 표면 온도가 영하 100도까지는 표면에 액체의 바다가 존재할 가능성이 있다고 본다.

27 / 사자자리의 거대 물 행성, K2-18b

항성 K2-18은 124 광년 떨어진 주계열성으로 '절반 태양'이다. 반지름이 태양의 약 절반이고, 표면 온도도 태양의 약 절반인 3,500도고, 심지어 나이마저 태양의 약 절반인 24억 년이다.

거기에 K2-18b와 K2-18c라는 2개의 행성이 있는데 2015년에 케플러 우주 망원경으로 발견했다. 둘 중에 K2-18b가 거주 가능 구역 내에 있는데 공식 명칭은 EPIC 2019-12552-b다. 이 행성은 반지름은 지구의 2.6배, 질량은 약 9배로 해왕성보다 약간 작은 크기(sub-Neptune)다. 모성을 33일 주기로 공전한다.

밀도는 지구의 약 절반인 2.6 g/cm^{3}인데 지구보다 밀도가 작은 이유는 지각이 대부분 물로 구성된 물 행성이기 때문으로 보인다. K2-18b가 물 행성임을 확신하게 된 것은 제임스 웹 망원경으로 대기에서 [그림 1]처럼 상당량의 수증기를 관측했기 때문인데 심지어 대기 중 최대 50%가 수분일 가능성이 있다고 한다. 이러면 표면이 완전히 물로 덮인 물 행성이다. 영화 "인터스텔라"를 보면 우주선이 물행성에 착륙하

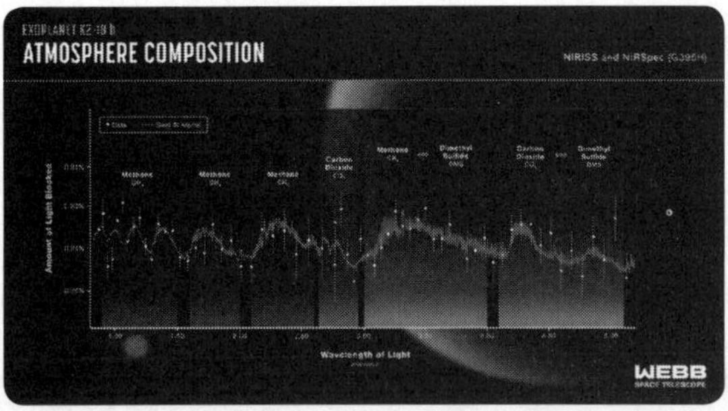

| 그림 1 | K2-18b의 대기성분[1]

는 장면이 나오는데 이와 비슷할 것이다.

행성은 크기가 작을수록 암석 행성이고 크기가 클수록 기체 행성인데 그 중간에 표면이 물로 덮인 액체 행성이 나타난다. K2-18b 표면 온도가 영하 8도로 추정되는데 대기의 존재 유무에 따라서는 크게 달라질 수 있지만 아주 좋은 조건이다. 중력 가속도는 대략 밀도에 반지름을 곱한 값에 비례하는데 12 m/s^2으로 지구보다 20% 밖에 크지 않아 인간이 거주하기에 적당하다.

제임스 웹 망원경은 K2-18b에서 수증기 외에 메탄과 이산화탄소를 발견했는데 대기의 약 1%를 차지할 것으로 예측되었다. 이 두 기체는 부패와 호흡에 관여하므로 생명체 존재에 좋은 소식이다. 또 DMS(Dimethyl Sulfide)를 발견했는데 이것은 지구에서는 바닷속 플랑크톤이 만들어내기 때문에 물 행성에서 발견되었다는 것은 매우 중요한 결과다.

생명체 존재에 온도 못지않게 중요한 것이 대기가 충분히 있느냐와

---

1 미국 항공우주국

그 대기의 조성 성분이 무엇이냐다. 대기에서 적절한 비율로 질소나 산소나 수소가 발견된다면 매우 긍정적이다. 메탄이나 이산화탄소도 생명체의 부패 및 호흡과 관련이 있을 수 있기 때문에 긍정적이다.

별은 클수록 핵융합이 활발하여 수명이 짧고, 작을수록 핵융합이 천천히 일어나 수명이 길다. 태양 같은 주계열성이든 태양보다 작지만 수명이 긴 적색왜성이든 나이가 오래 되면 상태가 안정되어 해로운 방사능을 많이 뿜어내지 않기 때문에 생명체가 진화하기 좋은 조건이다.

지구 같은 좋은 조건에서 인류 같은 고등생명체가 탄생하는 데는 45억 년이 걸렸다. 이를 다른 행성에 직접 대입할 수는 없으나, 현재 지구는 우주 생명체 탄생의 기간을 추정할 유일한 기준이다. 따라서 우리가 외계인을 만나려면 적어도 45억 년 이상의 나이를 가진 행성 출신이어야 한다고 보는 것이다.

28 / 개성 있는 3성계, 북극성

북극성은 폴라리스(Polaris)라 불리는데 북반구의 모든 별 중에서 가장 유명한 별이지만 아주 밝지는 않아 겉보기 등급이 2등급이다. 그런데 주변에 다른 밝은 별이 없어 찾기는 쉽다. 태양계에서 약 4백 광년 떨어져있다.

하늘의 별들은 1개의 별이 항성계를 이루는 단성계, 2개의 별이 하나의 항성계를 이루는 쌍성계, 3개의 별이 하나의 항성계를 이루는 3성계(triple star system)가 있는데 북극성은 3성계다. 이를 Aa, Ab, 그리고 B로 호칭한다.

우주에는 쌍성계가 가장 많고, 그 다음이 태양계 같은 단성계고, 3성계는 드물다. 3성계가 드문 이유는 처음부터 3성계로 만들어지지 않고, 쌍성계 주변을 지나던 단성계가 쌍성계 중력에 붙들려 3성계가 되기 때문이다. 따라서 붙들린 별은 쌍성계를 이루는 별에 비하여 대부분 크기가 작다.

북극성을 이루는 3성 중에 가장 큰 별이 Aa인데, 주기적으로 별빛

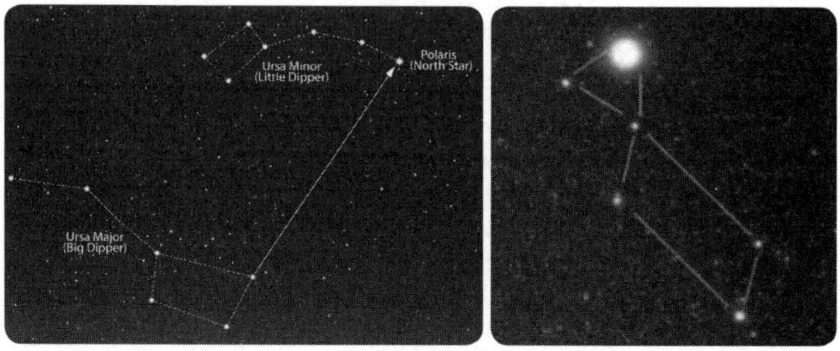

(a) (b)

| 그림 1 | (a) 큰곰자리나 작은곰자리에서 찾는 현재의 북극성의 위치. 우루사(ursa)는 라틴어로 곰이라는 뜻이며 디퍼는 국을 뜨는 그릇을 뜻한다. (b) 미래의 북극성이 될 거문고자리의 직녀성(Vega) 위치. 북쪽 하늘에서 가장 밝다.

이 변하는 케페이드 변광성(cepheid variable)으로 반지름은 태양의 40배, 질량은 5배, 표면 온도는 태양과 같은 6천도다. 절대적 밝기는 태양의 1,300배에 이른다. 그런데 나이가 5천만 년 정도로 극히 최근에 탄생한 별이다.

Aa와 쌍성계를 이루는 두 번째 큰 별이 Ab인데, 태양과 크기가 거의 유사하고 밝기는 태양의 3배 정도다. 단 나이가 5억 년 정도로 Aa보다 훨씬 일찍 만들어졌다.

이 둘을 공전하는 항성이 B인데, 크기가 태양과 거의 유사하고 밝기는 태양의 4배 정도이며 표면 온도는 7천도다. 단 나이가 15억 년으로 3개의 별들 중에 가장 많다.

북극성 3성계는 원래 각각 다른 곳에서 만들어져 단성계였던 별 3개가 은하계를 공전하다 거리가 접근하며, 먼저 Aa와 Ab가 먼저 쌍성계를 이루고, 이후 B가 중력에 잡혀 오늘날의 3성계를 이룬 것으로 본다.

북극에 있는 별들은 항상 움직이고 있어 현재의 북극성은 유럽사가 고대에서 중세로 바뀌는 5세기 이후부터 북극에 들어가 북극성이 되었다. 그 전에는 겉보기 등급이 북극성 밝기의 1/5밖에 되지 않는 3.67등성인 용자리의 알파성 투반이 북극성 자리에 있었다. 별자리에서 겉보기 등급이 가장 밝은 별을 알파성이라고 하며, 두 번째로 밝은 별을 베타성이라고 한다.

앞으로 시간에 조금 더 흘러 서기 2,100년경에는 현재의 북극성이 정북에 위치하게 된다. 이후는 점차 북극을 벗어나 북극성의 지위를 잃고, 서기 12,000년경에는 거문고자리(Lyra)의 알파성 베가(Vega)가 새로운 북극성이 된다.

베가는 우리나라에서는 직녀성이라고 부르는데 25 광년 떨어진 매우 가까운 별이다. 단성계의 주계열성이며, 나이는 5억 년, 질량은 태양의 약 2배, 표면 온도는 1만도다. 직녀성 주변에는 거대한 먼지구름이 있는데 이는 행성 충돌의 흔적으로 추정된다. 현재까지 지구보다 약 20배 무거운 대형 기체 행성 한 개가 관측되었다. 베가는 0.03등성으로 북극성보다 훨씬 밝아 우리 후손들은 북극성 찾기가 훨씬 쉬울 것이다.

29 / 오리온자리의 8개의 별

밤하늘의 별자리를 이루는 별들은 같은 곳에 모여 있는 것이 아니라 지구에서 볼 때 현재 시점으로 상대적 위치가 고정된 별들로서 태양계가 속해있는 반지름 5만 광년의 은하계 내에 있다. 태양을 비롯하여 별자리의 모든 별들이 은하계 주위를 공전하므로 백만 년 정도 지나면 대부분 별자리들의 모양이 바뀐다.

오리온자리는 남쪽 하늘에서 가장 웅장한 사각형 별자리로 [그림 1]처럼 네 귀퉁이를 이루는 밝은 별 4개와, 메이사라 불라는 맨 위 꼭대기의 별 1개, 그리고 삼태성이라고 불리는 중앙의 2등성 3개가 만드는 오리온벨트를 합하여 통상 8개로 구성되어 있다. 오리온자리 왼쪽에는 하늘에서 가장 밝은 별인 큰개자리의 시리우스가 있다.

오리온자리의 사각형 꼭짓점에 위치한 별 4개는 모두 거성으로 태양보다 크고 나이가 젊다. 중앙의 벨트는 3대성 혹은 3태성이라고도 하는데 지구에서 볼 때 비슷한 크기와 밝기의 별 3개가 나란히 보인다는 뜻으로 같은 곳에 모여있지는 않다. 3태성 아래에는 오리온성운

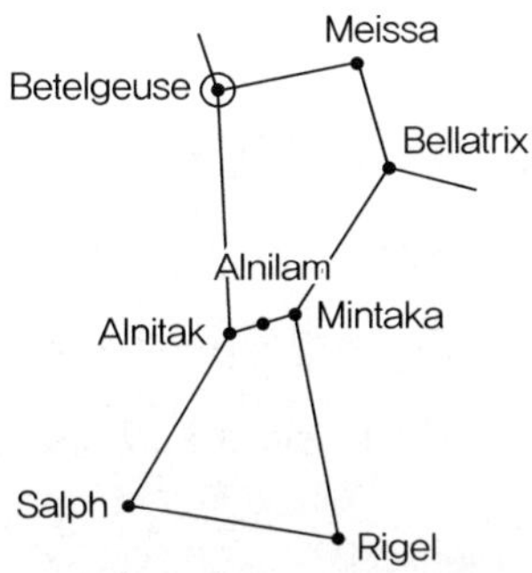

| 그림 1 | 오리온자리 8대성

(orion nebula)이 있는데 새로운 별들이 탄생하고 있는 곳이다.

(1) 베텔게우스(Betelgeuse), 알파성

오리온자리의 알파성으로 550 광년 떨어져 있는데 수명을 다한 적색 초거성이다. 반지름이 태양의 거의 8백배인데 이는 약 3 AU라서 태양계에 가져다 놓으면 화성을 삼키는 궤도에 해당하고, 자전주기는 무려 40년이다. 참고로 태양의 자전주기는 약 1달이다.

표면 온도는 3,600도로 태양의 약 절반이다. 베텔게우스는 나이가 단 800만 년으로 추정되는데, 별은 클수록 핵융합이 활발하여 수명이 짧다. 따라서 태양 같은 주계열성보다 크기가 작은 적색왜성이 수명이 길어 우주에 훨씬 많다.

곧 초신성 폭발을 앞두고 있는데 폭발하면 마치 하늘에 작은 달이 하나 더 있는 것과 비슷할 것이라고 한다. 베텔게우스가 폭발한 이후에는 오리온자리가 별 3개와 3대성으로 구성된, 사각형이 아닌 삼각형 형태의 새로운 별자리로 인식될 것이다.

(2) 리겔(Rigel), 베타성

지구에서 800~1,000 광년 떨어진 보기 드문 4성계로 청색 초거성 1개와 태양 같은 주계열성 3개로 구성되어 있다. 명칭을 A, Ba, Bb, C로 부르는데 그 이유는 주계열성 2개(Ba-Bb)가 리겔 내부에서 다시 쌍성계를 형성하고 있기 때문이다. 하지만 리겔이라고 하면 보통 청색 초거성 A를 뜻한다.

흔히 별자리에서 두 번째로 밝은 별을 베타성이라고 하지만 실제로는 리겔이 오리온자리에서 가장 밝다. 연구 초기에 베텔게우스와 리겔이 거의 비슷하게 밝은 별이라고 생각하여, 윗부분에 보이는 베텔게우스를 알파별로, 아랫부분에 보이는 리겔을 베타별로 정의한 것이 오늘에 이르렀다.

3성계 중 가장 밝은 청색 초거성 A의 표면 온도는 12,000도로 태양의 약 2배다. 단위시간당, 단위면적당 뿜어내는 에너지의 양은 '스테판-볼츠만 법칙'에 의하여 온도의 4제곱에 비례하므로 태양의 16배에 해당한다. 나이는 베텔게우스와 비슷한 800만 년으로 추정된다. 자전주기는 무려 24,000년으로 매우 느리다.

(3) 벨라트릭스(Bellatrix), 감마성

오리온자리에서 3번째 밝은 별로 감마성이다. 지구에서 250 광년 떨어진 청색 거성으로 오리온자리 4개의 별들 중에 가장 가깝다. 반지름은 태양의 6배이며, 표면 온도는 22,000도로 태양의 거의 4배인 아주 뜨거운 별이다. 나이는 2,500만 년으로 추정된다.

(4) 사이프(Saiph), 카파성

지구에서 650 광년 떨어진 별로서 반지름이 태양의 20배에 이르는 청색 거성이다. 표면 온도는 26,500도로 태양의 4배가 넘는다. 나이는 1,100만 년으로 추정된다.

(5) 메이사(meissa), 람다성

오리온자리 꼭지별로서 지구에서 1,300 광년 떨어졌으며 태양 질량의 30배에 이르는 A 거성과 10배에 이르는 B 주계열성으로 이루어진 쌍성계다. 큰 별일수록 핵융합이 활발하여 수명이 짧으므로 이 두 별의 나이는 수백만 년 정도로 매우 젊다. 표면 온도는 A가 35,000도, B가 25,000도 정도다.

(6) 민타카(Mintaka), 델타성

지구에서 1,200 광년 떨어진 별로 거성 2개와 태양 같은 주계열성 3개로 구성된 5성계로 알려져 있다. 이 별을 제외하고 5성계를 본 일이 없어 5성계가 가능한지도 의문이다. 무엇이든 이상하다는 것은 연구하기 딱 좋은 주제라는 뜻이다.

(7) 알닐람(Alnilam), 입실론성

지구에서 2,000 광년 떨어진 반지름이 태양의 40배 정도인 청색 초거성이다. 변광성이며 나이는 600만 년으로 매우 젊은 별이다.

(8) 알니탁(Alnitak), 제타성

지구에서 1,300 광년 떨어진 3성계다. 청색 초거성 1개와 청색 거성 2개로 이루어져 있다.

30 / 태비 스타와 다이슨 스피어

은하계의 천억 개나 된다는 여러 별들이 나름대로는 거의 기본 설명이 되는데 설명이 어려웠던 별이 하나 있었다. 발견자의 이름을 따라 간단히 태비 스타(Tabby's star)라고 부르는데, 정식 명칭은 KIC 8482852로서 지구에서 약 1,500 광년 떨어진 백조자리의 별이다.

태비 스타의 지름은 200만 km로 태양보다 큰 주계열성이다. 참고로 태양은 지름이 약 140만 km다. 태양보다 부피는 약 50%가 더 크고, 온도는 천도가 더 높다. 최근에는 태양 절반보다 약간 작은 크기의 적색왜성이 하나 발견되어, 주계열성을 KIC 8462852 A(태비 A), 적색왜성을 KIC 8462852 B(태비 B)로 구분한다.

케플러 망원경으로 태비 A의 별빛을 측정하다보니, [그림 1]처럼 별빛이 변했는데, 보통의 행성이 보이는 모습과 다르게, 대략 지구시간으로 2년마다 불규칙하게 항성의 불빛이 변하는데, 무려 10~20%가 가려졌다. 그리고 가리는 과정을 보니 비대칭이었다.

만일 이 현상이 규칙적이었다면 항성을 공전하는 행성의 존재를 확

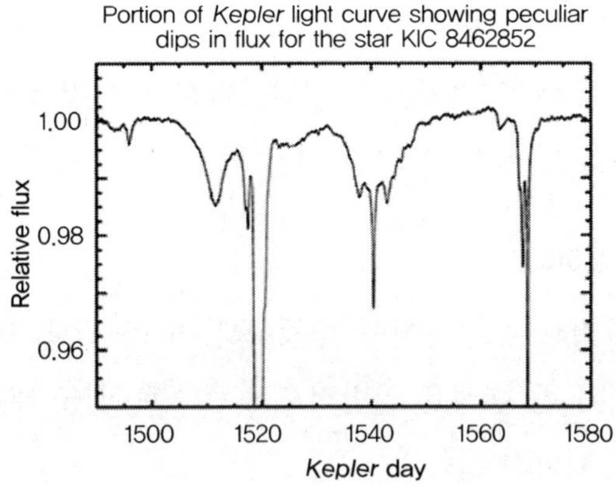

| 그림 1 | 태비 스타의 밝기 변화[1]

인하는 것이다. 또 행성이 항성을 통과하는 경우 항성 빛의 0.1~1% 정도를 수 시간 동안 가리는 것이 보통이다. 예를 들어 목성이 태양 앞을 지나가는 경우 태양 빛을 약 1% 가린다. 비대칭인 이유는 가리는 물체가 비대칭이기 때문이다.

이 세상에 모성을 10% 가리는 크기의 행성은 거대한 고리 행성을 제외하면 없다. 행성이 그 정도 크기면 행성이 아니라 항성이 되기 때문이다. 그러면 두 별이 겹쳐 더 밝아 보인다. 또 행성은 대개 구형이므로 모성 앞을 지나가면 모성의 빛을 가리는 모양이 정확히 대칭이 된다.

[그림 1]의 기이한 관측은 많은 가설들을 만들어냈다. 도대체 무엇이 별을 가렸을까? 별을 가린 물체의 특징을 다음처럼 추정할 수 있다.

---

1 Wikipedia

❶ 크기가 매우 크고 일정하지 않다.

목성의 15~20배의 면적을 가진다. 면적이 일정하지도 않다. 만일 혜성이라면 수십만~수백만 개가 며칠 또는 몇 주 동안 몰려든 것이다.

❷ 비대칭 물질이다.

행성은 일반적으로 구형이라 대칭이다. 따라서 행성 1개는 아니다. 목성보다 10배가 큰 행성은 일반적으로 스스로 빛을 내는 항성이 되므로 행성으로 존재하지 않는다.

이에 대하여 몇 가지 설명이 나왔다.

(1) 고리형 먼지 구름 설(Circumstellar dust ring)

마치 고리 형태의 거대한 먼지 구름이 별 주위를 공전하고 있다.

(2) 행성 충돌설(A massive collision scenario)

원시 지구가 테이아와 충돌할 때처럼 행성 2개가 충돌한 잔해가 항성 주위를 공전하는 것이다.

(3) 혜성무리설(A cloud of disintegrating comets)

극히 기울어진 타원궤도를 도는 수십만 혹은 수백만 개의 무수한 혜성 무리가 지나가고 있다.

(4) 다이슨 스피어(Dyson sphere)**설**

인류보다 훨씬 발전한 외계문명이 별로부터 에너지를 얻고자 거대한 태양광 패널(solar panels)을 [그림 2]처럼 별 주위에 빙 둘러 설치하여

| 그림 2 | 다이슨 스피어의 상상도.[2] 1960년에 보수적인 학술지인 science지에 발표된 개념이다.

항성 빛이 주기적으로 엄청나게 어두워진다는 주장이다.

(2)는 (1)의 원인을 다소 자세히 기술한 것이고, (3)도 크게 보면 (1), (2)와 비슷한 개념이다. 오로지 (4)만 가리는 원인이 자연물이 아니라 인공물이라는 것이므로 전혀 다르다.

별을 가린 것이 인공물인지 자연물인지는 어렵지 않게 확인할 수 있다. 빛은 발간색이 파장이 가장 길고 보라색이 가장 짧다. 파장이 짧은 푸른빛은 자연물인 먼지에 쉽게 산란되어 멀리 가지 못하나, 파장이 긴 붉은빛은 잘 산란되지 않아 멀리까지 간다.

낮에 들어오는 햇빛은 거의 수직으로 비쳐 공기층이 얇다. 반면에 아침이나 저녁에 지구로 들어오는 햇빛은 비스듬하게 들어오므로 낮에 비하여 상대적으로 긴 공기층을 통과한다. 긴 공기층을 통과하면 파장이 짧은 파란색 계통은 오는 과정에서 대부분 산란하여 지구 표면까지 못 오고, 파장이 긴 빨간색 계통은 덜 산란되어 지구 표면까지 온다. 따라서 태양의 고도가 낮아 빛이 지구 표면에 비스듬히 들어오는 아침이

2 https://medium.com/predict/are-the-wonders-called-dyson-spheres-really-possible-571082b5fe7b

나 저녁에 하늘이 상대적으로 붉게 보인다.

만일 태비 스타를 [그림 2] 같은 인공 가림판이 가렸다면 파장이 긴 빨간색이나 파장이 짧은 파란색이나 똑같이 가릴 것이다. 반면에 태비 스타를 가린 것이 먼지 같은 자연물이면 파장이 짧아 산란이 잘 되는 파란색은 자연물 지대를 통과하기 어려워 지구에서 덜 관측되고, 파장이 길어 산란이 상대적으로 덜 되는 빨간색이 더 관측될 것이다.

태비 스타의 빛을 관측을 해보니 빨간색 계통이 파란색 계통보다 더 많았다. 그러면 태비 스타를 가린 것은 인공물이 아니라 자연물이라는 뜻이다. 추가하여 만에 하나 외계인이 거대한 태양광 발전 패널로 가렸다면 생산된 전력을 전파로 송전할 것이므로 거기에서 전파가 나오는 것이 관측되어야 하는데 전혀 관측되지 않았다.

결국 다이슨 스피어 학설은 공상과학소설 영역으로 옮겨갔고, 현재 가장 유력한 학설은 (2)의 행성 충돌의 잔해가 모성을 공전중이라는 것이다. 태비 스타의 나이는 아직 불확실하지만 어린 별로 추측되고 있다. 별들이 나이가 어리다는 것은 항성계가 만들어지는 초창기로 행성간 충돌이 빈번하다는 뜻이므로 이상한 일이 아니다.

외계문명은 아직 우리에게 나타나지 않고 있다. 현재까지 지구 내부건 외부건 간에 외계문명의 흔적이라고 공인받은 것은 단 하나도 없다.

31 / 양자역학과 전자의 이동 방법

어떤 대학의 물리학 교수가 유튜브에 나와 전자의 파동성을 설명하는데 작은 콩알을 손가락으로 집었다고 가정하고 이를 흔들며 전자가 이렇게 파동으로 행동한다고 설명했는데 잘못되었다. 전자의 파동성이란 그런 뜻이 아니다.

벽에 구멍을 2개 뚫고 콩알 1개를 던지면 2개의 구멍을 동시에 통시에 통과할 수 없다. 전자는 그렇게 움직이는 것이 아니고 바람이나, 연기나, 물처럼 파동으로 움직인다고 해야 했다. 그래야 전자 1개가 2개의 구멍을 동시에 통과할 수 있는 것이다.

전자의 운동은 양자역학, 즉 파동역학으로 설명해야 실험 결과와 맞게 된다. 전자뿐만 아니라 극미세계의 에너지를 비롯한 대부분 물리량은 정수를 포함하여 불연속적으로 변하는데 그 근본 원인은 자연계의 대칭성 때문이다.

대칭성은 공간 대칭성과 시간 대칭성이 있는데 공간 대칭성의 예는 한 바퀴, 즉 360도를 돌아도 모양이 같다는 것이고, 시간 대칭성은 1초전이나 지금이나 모양이 같다는 것이다. 만일 반 바퀴, 즉 180도를 돌면 같아지거나 부호가 바뀌게 된다. 공간 대칭성이 운동량 보존법칙의 원인이고, 시간 대칭성이 에너지 보존법칙의 원인이다.

양자역학을 파동역학이라고 하는데 파동함수의 절대값의 제곱(|파동함수|^2)을 파동의 세기(intensity)라고 한다. 파동의 세기는 어떤 영역에 물체가 존재할 확률에 비례한다.

양자역학을 정수역학이라고도 하는데 극미세계의 에너지를 비롯한 대부분 물리량에 정수(0, ±1, ±2, ±3,…)나 반정수(0, ±1/2, ±3/2, ±5/2,…)가 포함되어 특정한 값만 허용되기 때문이다. 특정한 값만 허용되면 물리량이 불연속적으로 변하게 된다.

원자 내부에 전자가 존재하는데 특정 궤도에만 존재한다. 그리고 에너지를 얻으면 다른 높은 혹은 들뜬 궤도로 옮겨가고, 반대로 에너지를 잃으면 낮은, 혹은 안정된 궤도로 옮겨간다. 그리고 그 두 궤도 사이의 영역, 혹은 공간에는 아무리 짧은 순간이라도 전자가 존재할 수 없다. 하지만 이렇게 설명하면 보통 다음처럼 질문한다.

> " 전자가 한 궤도에서 다른 궤도로 이동할 때 아무리 빨리 가더라도 가는 동안은 중간영역을 지나가니 잠깐이라도 그 중간 영역에 있는 것 아닙니까?"

매우 좋은 질문이다, 그런데 전자가 이동한다는 것이 무엇인지를 알아볼 필요가 있다. A-영역과 B-영역이 있다고 가정할 때 전자가 A-영역에 있다는 말은 전자구름의 밀도가 A-영역이 B-영역에 비해 압도적으로 높다는 뜻이다.

그러다 전자가 B-영역으로 이동한다는 말은 A-영역의 전자구름 밀도가 급격히 줄어들고 반면에 B-영역의 전자구름 밀도가 급격히 커진다는 뜻이다. 따라서 전자가 A-영역에서 B-영역으로 이동하는데 그 중간 영역을 거치는 경우는 안 일어난다. 이는 전자가 입자가 아니라 파동으로 움직이기 때문이다.

전자가 고체 내부의 원자구조로 한 격자점에서 다른 격자점으로 이동하는 것을 뜀뛰기 또는 호핑(hopping)이라고 하는데 이 경우도 마찬가지다. 한 점에서 나타났다 사라지고 다른 점에 나타나는 방식의 공간 이동이라서, 한 격자점에서 주변의 다른 격자점으로 이동할 때 중간 영역은 거치지 않는다.

32 / 뉴턴의 만유인력의 유효성

약 3백 년 전 뉴턴이 발표한 만유인력법칙은 모든 질량을 가지고 있는 물체들 사이에 적용되는데, 두 물체 사이 거리의 제곱에 반비례하고 양쪽 질량의 곱에 비례하는 인력이 작용한다는 것이다. 이 법칙은 모든 거리에서 성립하며 천체운동을 매우 잘 설명하여 물리학의 가장 성공적인 예로 남아 있다.

하지만 만유인력법칙 등 뉴턴역학으로 분자/원자 이하의 미시세계를 설명할 수 없다는 것이 밝혀진 것은 20세기 초엽이다. 미시세계에는 입자들이 파동으로 행동하므로 뉴턴역학은 더 이상 유효하지 않다. 파동이란 주기가 있어 같은 행동을 반복한다. 뉴턴역학이 분자/원자 이하의 극미세계를 설명할 수 없다는 실험적 결과가 양자역학을 탄생시켰다.

태양계를 공전하는 행성들을 보면 태양에 가까운 행성은 빨리 돌고(공전주기가 짧고) 먼 행성은 천천히 돈다(공전주기가 길다). 이를 케플러의 제3법칙 또는 T2-R3 법칙이라고 한다. 케플러가 관측한 것을 뉴턴이 자신이 만든 역학을 이용하여 증명한 것인데 관측과 아주 잘 맞는다.

그런데 은하계 규모의 거대 크기에서는 이것이 안 맞는다. 은하계를 공전하는 항성들을 관측하면서도 은하계 중심 부분은 빠르게 공전하고, 가장자리 부분은 천천히 공전할 것으로 예상했다. 그런데 관측해보니 중심 부분이나 가장자리 부분이나 공전 속력이 비슷했다. 그러면 가능성은 둘 중 하나다.

❶ 은하계에 눈에 안 보이는 질량이 가득 차 있다.

❷ 뉴턴역학이 은하계 규모의 먼 거리에서는 안 맞는다.

이 두 가지 중에 뉴턴역학이 틀릴 가능성은 없다고 판단하고, ❶의 무엇인가 안 보이는 물질이 은하계에 가득 차 있다고 생각했는데 이것이 암흑물질이다. 이론적으로는 우리 주변에도 암흑물질이 있어야 하며, 심지어 원자 속에도 암흑물질이 있어야 한다. 그런데 학계는 암흑물질을 찾기 위하여 수없이 노력하였으나 아직 발견하지 못했다.

암흑물질을 아무리 찾아도 안 나오므로 이후 자연스럽게 ❷의 가능성에 주목하게 되었다. 즉 뉴턴역학이 은하계 규모, 즉 광년 단위의 먼 거리에서는 안 맞을 가능성이다. 따라서 뉴턴역학을 먼 거리에서도 맞게 수정하는 것이다. 새로운 실험과 기존 이론의 불일치는 항상 새로운 학문을 탄생시켜 왔다.

우주가 팽창한다는 것은 허블 이후 일반인에게도 상식이 되었다. 그런데 팽창하는 방법에는 3가지가 있다. 일정한 속력으로 팽창하는 균일 팽창, 팽창 속력이 점차 느려지는 감속 팽창, 그리고 팽창 속력이 점차 빨라지는 가속 팽창이다. 학계는 팽창할수록 중력이 강하게 잡아당

기므로 감속 팽창할 것으로 예측했다. 그런데 초신성의 밝기를 관측해 보니 우주가 가속 팽창한다는 것을 발견하게 되었다.

우주가 가속 팽창하려면 뉴턴역학이든 일반상대성이론이든 엄청난 에너지가 필요하다. 그 에너지는 어디에 있을까? 이래서 나온 것이 암흑에너지다. 하지만 오늘날까지 일부 학자들이 이를 반박하는 논문들을 발표하고 있는데 학문은 반박을 통해 검증되고 발전하므로 바람직한 현상이다.

모든 문제의 근본은 우리가 중력을 아직도 이해하지 못하고 있다는 것이다. 아인슈타인이 뉴턴의 중력을 기하학적 방법으로 재해석해 큰 성공을 거두었으나 그것이 끝이 아니었다. 아직도 우리는 모르는 것이 많다.

우주가 138억 년 전에 탄생했다는 빅뱅설이 한 세기가 되기 전에 이미 도전받고 있다. 이 두 배인 270억 년 전 탄생설부터, 평행 우주설, 다중 우주설, 심지어 불교의 윤회설을 연상시키는 우주 반복설까지 나오고 있어 도저히 무엇이 진실인지 알 수 없다. 우리는 흔히 진리를 탐구한다고 하는데 진리란 한 번에 끝나는 것이 아니고 영원히 찾아가는 것이다.

2부

생물의 진화

야생동물 먹이 주기를 금지하는 외국의 포스터. 야생동물에게 먹이를 주면 야생성을 잃고 인간사회에 들어오는데 대부분 양쪽에 모두 불행한 일이 생긴다. 허락된 경우를 제외하고는 길고양이 같은 야생동물에게 먹이를 주어서는 안 된다.

01 / 지구 역사의 시대 구분

지구 역사를 간략히 요약하면 다음과 같다. 현 태양계 위치에 약 50억 년 전부터 우주의 먼지들이 모여 회전하며 뭉치기 시작했다. 그러다 약 46억 년 전에 태양이 만들어지고 남은 물질들이 행성들을 만들기 시작하여 원시 지구가 탄생했다. 당시 이 원시 지구 궤도에는 화성만한 또 다른 행성인 테이아(Theia)가 있어 약 45억 년 전에 둘이 충돌하여 현재의 지구와 달이 나타났다.

따라서 지구 역사의 시작을 충돌 전 원시 지구의 형성기인 46억 년으로 보느냐, 아니면 충돌 후 현재 지구의 출현인 45억 년으로 보느냐는 관점의 차이일 뿐이 기본적으로 같다.[1]

지구 역사 45억 년은 [표 1]처럼 다시 4개의 큰 대로 나뉜다.

---

1 위키메디아(Wikimedia)를 보니 원시 지구의 형성을 45억 5천만 년 전으로, 현재 지구의 형성을 45억 2천7백만 년 전으로 표기해 두고 있다.

(1) **하데스대**(Hadean)**: 45억 년 전～38억 년 전**

유성우가 쏟아지던 시대, 생명체 출현 전 시대.

(2) **시생대**(Archean)**: 38억 년 전～24억 년 전**

간단한 비산소 호흡 생명체 시대, 원핵생물 시대. 광합성 시작,

(3) **원생대**(Proterozoic)**: 24억 년 전～5억 4천만 년 전**

간단한 산소 호흡 생명체 시대, 진핵생물 시대, 대규모 광합성을 통한 산소 시대.

(4) **현생대: 5억 4천만 년 전～현재**

복잡한 산호 호흡 생명체 시대, 고생대, 중생대, 신생대의 3개 기간으로 구분.

지구와 달이 형성된 것이 45억 년 전인데, 약 40억 년 전까지는 지구에 유성우가 쏟아졌다. 지구뿐만 아니라 태양계 전체가 이와 비슷하여 태양계 행성들과 위성들 표면에 남은 운석공 대부분이 이때의 흔적이다. 이때는 지구가 유성우의 폭격을 받고 있어서 생명체가 탄생하기에는 매우 힘든 시기였으나 동시에 이때 물을 비롯한 생명체에 필수적인 요소들이 우주에서 지구로 공급되었다.

지구에 생명체가 출현한 것은 지구 생성 후 약 7억 년이 지난 지금부터 38억 년 정도로 추정되고 있지만 연구가 진행됨에 따라 더 올라갈 가능성도 있다. 그런데 문제는 어디까지를 생명체로 볼 것이냐다.

천문학에서 우주의 끝이 있느냐의 문제를 토론할 때는 '우주가 무엇

| 표 1 | 지구의 지질시대 구분과 6대 멸종. 지질연대는 정확히 구분하기 어려워 대략적인 값이다.

대	기	기간(백만 년)	특이 사항	6대 멸종
신생대 Cenozoic	②4기	2.5	석기시대 시작	대멸종6
	①3기	63	인류 출현	
중생대 Mesozoic	③백악기	80	태반 포유류 출현	대멸종5
	②쥐라기	55	시조새 출현	
	①삼첩기	51	공룡, 포유류 출현	대멸종4
고생대 Paleozoic	⑥페름기	48		대멸종3
	⑤석탄기	64	파충류 출현	
	④데본기	57	양서류 출현	대멸종2
	③실루리아기	22	오존층 완성, 육상진출	
	②오르도비스기	45	어류, 절지동물	대멸종1
	①캄브리아기	54	삼엽충, 갑주어	
원생대 Hadean	산소 지구	18억 년	진핵생물 산소 미생물	지구 역사 40%
시생대 Archean	비산소 지구	15억 년	원핵생물 비산소 미생물	지구 역사 33%
하데스대 Hadean	유성우 시대	7억 년	무생물	지구 역사 15%

이냐?'와 '끝이 무엇이냐?'가 토론의 대부분을 차지한다. 전제에 대한 합의가 이루어지지 않으면 각기 엉뚱한 이야기를 하게 되기 때문이다. '지구에 생명체가 언제 출현했느냐?'도 비슷하다. 이에 대한 문제는 ' 생명체가 무엇이냐?'와 '출현이란 무엇이냐?'에 대한 정의가 먼저 확립되어야 하기 때문이다. 생명체가 무엇이냐는 것은 생물학의 가장 어려운 문제 중 하나로 생물학이 발전하면서 정의도 함께 진화한다.

지구에 지금처럼 복잡한 생명체가 출현한 것은 고생대가 시작되는 5억 4천 2백만 년 전 이후다. 만일 5억 5천만 년 전에 외계인의 우주선이 지구 표면을 비행하면서 내려다보았다면 바다와 강과 호수는 있는데 육지는 암석과 자갈과 흙 외에 생명체는 안 보였을 것이다. 이는 외계 생명체를 찾을 때도 비슷하게 적용되어 우주선이 지표면에 도착하여 보니 아무것도 없다고 하여 생명체가 없다고 예단하면 안 된다. 호수 물도 떠보고 지하의 흙도 파보고 해야 정확한 판단을 할 수 있다.

지구 역사의 대부분은 미생물만 존재했기 때문에 외계 행성에서 미생물을 발견하기는 어렵지 않지만, 지구의 동물과 식물 같은 복잡한 구조의 생명체는 45억 년 역사에서 40억 년이 지났을 때 나타났기 때문에, 복잡한 구조의 생명체를 발견할 가능성은 매우 낮을 것이다. 하물며 인간 같은 문명을 이룬 외계인을 만난다는 것은 더더욱 어려울 것이다. 진화에는 시간이 필요하다.

외계인을 만나기 어려운 또 하나의 이유는 공간과 시간의 제약 때문이다. 예를 들어 우주에 엄청난 문명이 존재하는데 지구에서 1억 광년 떨어진 곳이라고 가정하자. 그러면 공간의 거리가 너무 멀어 만나기 어렵다. 또 지구에서 100 광년 이내의 가까운 거리에 엄청난 외계 문명이 존재했는데 10억 년 전에 존재했거나, 아니면 10억 년 후에 나타난다고 치자. 그러면 시간의 거리가 너무 멀어 못 만나는 것이다. 우리가 외계 문명을 만나려면 우주의 비슷한 위치에, 비슷한 시기에 존재해야 가능하다.

현생대는 캄브리아기 생명체 대폭발이 끝나는 5억 4천 2백만 년 전에 시작되어 지금까지 계속되는데, 다시 대멸종을 기준으로 고생대, 중생대, 신생대의 3개의 '대'로 나뉜다. 그리고 3개의 '대'는 다시 이보다 조금 작은 대멸종을 기준으로 여러 개의 '기'로 나뉜다. 그리고 '기'는 이보다 조금 더 작은 멸종을 기준으로 여러 개의 '세'로 나뉜다.

신생대 제3기는 ① 팔레오세(Paleocene), ② 에오세(Eocene), ③ 올리고세

(Oligocene), ④ 마이오세(Miocene), ⑤ 플라이오세(Pliocene)의 5세로 나뉘며, 제4기는 250만 년 전부터 시작되는데 ① 플라이스토세(Pleistocene), ② 홀로세(Holocene)의 2세로 나뉜다.

지면에 붙어 생활하던 원시 식충류가 나무 위로 올라가 영장류로 진화했고, 아프리카에 살던 영장류가 신생대 제3기의 ④ 마이오세 말기에 다시 초원으로 내려오면서 인류가 출현했다. 그리고 제4기 ① 플라이스토세부터 아프리카를 벗어나 전 세계로 퍼졌다.

현재의 지구는 신생대 제4기의 ② 홀로세다. 홀로세는 마지막 빙하기 이후인 11,500년 정도의 기간인데, 인간이 지구 지질 역사에 가장 큰 영향을 미치고 있다고 하여 인류세라고도 한다. 불행한 것은 인류세에 6번째 대멸종이 시작되고 있다는 것이다. 대멸종이란 백만 년 동안에 종의 50% 이상이 사라지는 현상을 뜻하는데, 현재의 멸종 속도가 이전의 다섯 번의 대멸종보다 훨씬 빠르다.

02 / 지구의 3대 빙하기

지구 역사에 많은 빙하기가 있었지만, 지구 전체를 완전히 얼음으로 감싼 눈덩이 지구(snowball earth) 시기는 다음처럼 크게 2번, 상세히는 3번 나타났다.

(1) 전기 눈덩이 지구: 24억 년 전 ~ 21억 년 전(약 3억 년 지속)

- **휴로니안 빙하기**(Huronian glaciation)

(2) 후기 눈덩이 지구: 7억 2천만 년 전 ~ 6억 3천만 년 전(약 1억 년 지속)

- **스터티안 빙하기**(Sturtian Glaciation)

  : 7억 1천 6백만 년 전 ~ 6억 6천만 년 전

- **마리노안 빙하기**(Marinoan Glaciation)

  : 6억 5천만 년 전 ~ 6억 3천 5백만 년 전

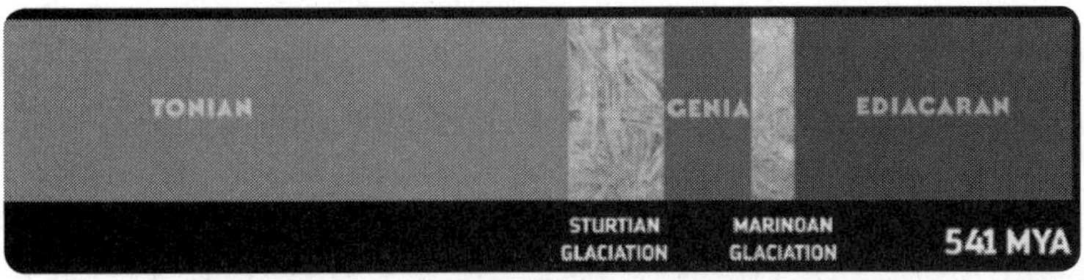

| 그림 1 | 고생대 시작 전의 후기 눈덩이 지구

지구 역사를 전기와 후기로 구분하는 가장 큰 빙하기였던 휴로니안 빙하기는 맥가니안 빙하기(Makganyene glaciation)라고도 하는데 백과사전에는 24억 5천만 년 전에서 22억 2천만 년 전까지 약 2억 3천만 년 동안으로 되어 있다.[1]

> 휴로니안 빙하는 지구에 광범위하게 영향을 미친 가장 오래된 일련의 장기적인 기후 냉각사건이다. 이 빙하기는 대기 중 산소의 증가와 관련하여 24억 5천만 년 전 ~ 22억 2천만 년 전 사이에 발생했다.
>
> (The Huronian glaciation is the oldest series of protracted climatic refrigeration events that extensively affected Earth. It occurred between 2.45 and 2.22 Ga in association with the rise of atmospheric oxygen.)

이 시기는 대규모 산소 폭발 시기(Great Oxygenation Event, GOE)로 그 전에는 지구에 산소가 별로 없었다. 지구의 산소는 주로 광합성에 의하여 만들어지므로 이는 바닷속에서 광합성이 대규모로 시작된 시기라는 뜻이다.

지구에 이런 장기간의 빙하기가 왔다는 것은 태양 빛이 장기간 차단

1 Encyclopedia of Astrobiology, pp 1128–1135.

되었다는 뜻이다. 이런 차단은 지구 표면이 산산조각 나서 하늘로 올라가고 재가 대기권을 덮어서 발생하는 경우가 보통이지만 원인에 대해서는 여러 가지 학설들이 존재한다.

지구 생명체는 장기간 빙하기를 극복하며 중요한 진화를 이루었다. 이는 다른 행성들이나 위성들에도 참고가 된다. 태양계에 표면이 얼음으로 덮인 왜행성들과 위성들은 가장 먼저 고려해야 할 생명체 존재 후보들이다.

03 / 24억 년 전 휴로니안 빙하기와 산소 호흡 생명체의 출현

우주에서 지구를 찍은 사진을 보면 푸른색이다. 표면의 70%를 차지하는 바다가 푸르기 때문이다. 그런데 지구의 45억 년 역사 중 절반은 바다가 보라색이었다고 한다. 본래 지구는 바다에 산소를 싫어하는 혐기성 세균들이 사는 행성이어서 그때 우주에서 지구를 보면 보라색이었을 것이라는 뜻이다.

산소는 광합성의 부산물로 원래 대부분의 물질들과 잘 결합하여 생명체를 태워 죽이는 독가스다. 휴로니안 빙하기 동안 산소가 대규모로 지구를 덮으며 생명체 대부분이 멸종했다. 그런데 이 중에 산소를 이용하여 호흡하는 생명체가 출현하여 살아남아 진화하기 시작했고, 이것이 지구를 보라색 행성에서 푸른색 행성으로 변화시켰다. 따라서 지구 역사 45억 년은 대략 그 중간에 위치한 휴로니안 빙하기를 경계로, 전기를 보라색 행성시대로, 후기를 푸른색 행성시대로 구분할 수 있다.

왜 하필 지구가 21억 년이나 기다려서 산소 행성으로 변했느냐 하면 첫 번째 요인은 지구 자전 때문이었다고 한다. 당시 바닷속의 당시 원시 식물은 광합성을 활발히 하려면 준비 시간이 필요하여 낮이 8시간 이상 지속되어야 했다는 것이다. 즉 태초에 하루가 (낮) + (밤) = 6시간이었는데, 지구 자전이 점차 느려져, 21억 년이 지난 지금부터 24억 년 전 무렵에 비로소 (낮) + (밤) = (16시간)이 되었다는 것이다. 이것이 광합성을 활발하게 하여 산소가 지구를 덮게 되었다는 것이다. 이를 외계 행성에 적용해보면 한쪽 면이 항상 모성을 향하는 면 고정(조석 고정) 행성이 오히려 광합성에 유리할 수 있다.

그런데 지구가 산소 행성이 된 것은 자전이 늦어진 것만으로는 설명되지 않는다. 이 24억 년 전 무렵에 두 번째로 큰 사건이 있었는데 지구 역사상 가장 큰 빙하기였다. 빙하기는 두꺼운 얼음이 햇볕을 차단하므로 일반적으로는 해저 식물들의 광합성에 불리하다.

휴로니안 빙하기의 원인에 대하여 여러 학설이 있지만 가장 유력한 것은 운석 충돌설이다. 24억 년 전 [그림 1]의 호주 서남부의 야랄부다에 지름 70 km 정도의 대형 운석이 충돌하여 지구 역사상 가장 긴 빙하기가 시작되었다고 한다. 참고로 중생대를 끝낸 멕시코 유카탄반도에 충돌한 운석의 지름은 10 km 정도였다. 24억~21억 년 전 사이의 지구는 전체가 얼음으로 둘러싸여 우주에서 지구를 보면 아이스 볼(ice ball) 또는 스노우 볼(snow ball)처럼 보였을 것이다.

빙하기 기간에 광합성을 하는 시아노박테리아가 번성하여 산소를 수중에 대거 뿜어내게 되었고 그 결과 지구는 산소 행성으로 변화했다. 그리고 그 3억 년 동안 산소에 의하여 대멸종이 일어났으나 결국 산소를 이용하는 생명체가 출현하여 이를 극복하였고 오늘날까지 이어져오고 있다.

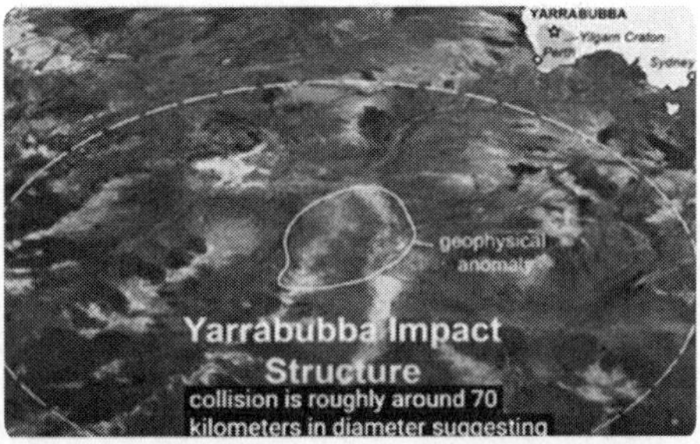

| 그림 1 | 24억 년 전 휴로니안 빙하기를 불러온 것으로 추정되는 호주의 거대 운석공[1]

시아노박테리아(시아노박테리아)[cyanobacteria]

남조류(藍藻類, blue green algae)라고도 하며 세포 내에 핵이 없는 원핵세포로 이루어지는 원핵생물인 원시 조류의 일종이다. 남조류는 세포의 특성에서 박테리아와 비슷한 점을 가지며 지질시대의 스트로마톨라이트(stromatolite) 형성에 중요한 역할을 했으며, 광합성을 통한 원시 지구 대기의 산소공급에도 크게 기여했다.

이후 약 21억 년 전 남아프리카공화국의 브래드포트에 지름 10~15 km의 대형 운석이 충돌하여 휴로니안 빙하기가 종료되었다고 한다. 빙하기의 시작과 끝이 모두 지구 외부요인에 의하여 결정되었다.

빙하기를 거치며 산소를 싫어하는 혐기성 세균들이 거의 다 멸종하고 산소를 좋아하는 호기성 세균들이 번성하게 되었고, 그 결과 보라색 바다가 푸른색 바다로 바뀌었다. 지구의 주인이 산소를 호흡하는 생명체들로 바뀐 것이다. 단세포 생명체만 존재하던 지구에 다세포 생명체

1 Youtube

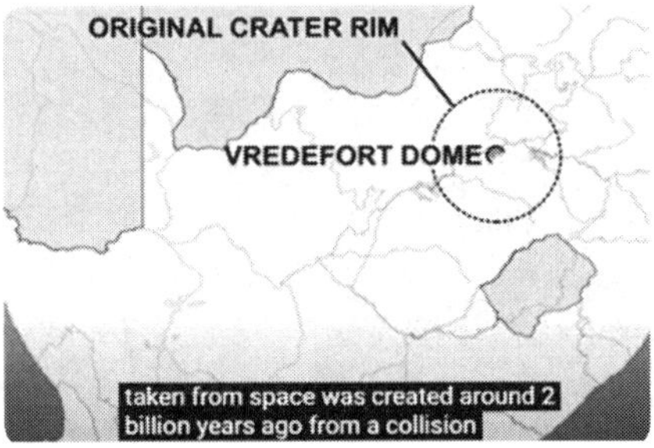

| 그림 2 | 휴로니안 빙하기를 끝낸 것으로 보이는 21억 년 전 남아공의 거대 운석공[2]

가 출현하게 된 것도 이 시기로 본다.이전 시기에는 세포막이 없는 원핵생물이 생태계를 주도하였는데 이 시기를 거치며 세포막이 있는 진핵생물이 등장하여 번성하게 되었다.

진핵생물 세포 안에는 원핵생물과 다르게 산소 호흡을 담당하는 미토콘드리아라는 기관이 생겼다. 크기는 마이크로미터(μm = 1/1000 mm) 정도인데 호흡을 통하여 화학에너지인 ATP(Adenosine Tri-Phosphate)를 합성한다. 그리고 생물은 이 ATP를 에너지원으로 이용하여 일을 한다.

그런데 본래 세포 안에는 미토콘드리아가 없었다. 세포 내에 미토콘드리아가 새롭게 만들어진 것이 아니고, 장기간의 빙하기를 거치며 세포와 미토콘드리아가 둘 다 죽게 생긴 절체절명의 위기에서, 세포 안으로 들어가게 된 산소를 호흡하는 호기성 세균이 세포와 공생하며 막대한 ATP를 제공하고, 그 대신 세포로부터 영양분과 안전을 보장받게 된 것이 현재의 미토콘드리아다.

미토콘드리아는 다른 소기관들과 달리 자체적인 DNA와 박테리아

---

2 Youtube

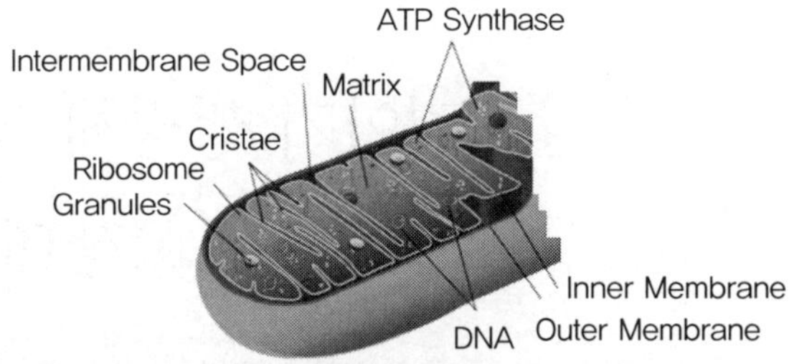

| 그림 3 | 세포 내에서 영양분인 ATP를 생산하는 미토콘드리아 기본 구조.[3] 전체 길이는 1 μm정도이며 내막과 외막이 분리되어 있다.

의 리보솜을 가지고 있고, 세포에서 자체적으로 생산되는 게 아니라 자기가 알아서 분열함으로써 수를 불리는 것으로 보아 한때 별개의 생명체였다. 더욱이 미토콘드리아는 박테리아의 세포막 구조와 유사한 이중 막 구조로 되어 있다.

지구 생명체는 에너지를 만들어내는 광합성을 통하여 이산화탄소를 흡수하고 산소를 배출하고, 다시 그 만들어진 에너지를 이용하는 호흡을 통하여 산소를 흡수하고 이산화탄소를 배출하는 순환과정을 성공리에 만들어 지구 대기의 균형을 잡았다. 반면에 금성과 화성에서는 생명체가 발생하였다고 해도 그런 순환과정이 만들어지지 못했다.

두 번에 걸친 거대한 운석 충돌과 대멸종은 지구 생명체들에게 큰 위기였지만 이를 극복하고 발전의 기회로 만들었다. 이후에도 지구 생명체는 여러 차례의 대멸종을 겪었는데 그것을 이겨내고 살아남은 종은 항상 더 높은 단계의 생명체로 진화하였다.

---

3 https://healthjade.net/mitochondria/

04 / 캄브리아기 생명체 대폭발과 고생대의 시작

약 6억 년 전 마지막 대규모 빙하기인 마리노안 빙하기가 끝나고 미생물뿐이었던 바닷속 생태계가 점차 다양화해지기 시작하였다. 이후 복잡한 구조를 가진 생명체 종류가 폭발적으로 증가하며 5억 4천만 년 전부터 고생대가 시작되었는데 이 시작을 "캄브리아기 생명체 대폭발"이라고 한다. 이 폭발적 진화는 선캄브리아기에서 캄브리아기로 전환될 무렵에 발생했다.

생물학 분류체계의 기준이 종(種, species) - 속(屬, genus) - 과(科, family) - 목(目, order) - 강(綱, class) - 문(門, phylum) - 계(界, kingdom)의 7단계다. 흔히 친척이라면 '과'부터를 뜻한다. 가장 큰 '계'는 크게 5개로 분류한다. 동물계, 식물계, 균계, 원생생물계, 원핵생물계. 사람은 분류학상, 동물계 - 척색동물문[1] - 포유류강 - 원숭이목(영장목) - 유인원과 - 사람속 - 사람종이다.

---

1 척색동물문은 3개의 아문이 있는데 피낭동물아문(Tunicata)과 두색동물아문(Cephalochordata)과 척추동물아문(Vertebrata)이다. 이 중에 척추동물아문이 크게 발전했다.

약 5억 4천 3백만 년 전부터 약 천만 년 동안에 지구상에 갑자기 많은 생명체가 출현하였다. 이전에 있던 미생물 크기의 3개의 문이 갑자기 38개 문으로 증가하였고, 10 cm 이상의 대형(?) 생명체가 대거 나타나기 시작하였다. 특히 동물계 다양성에 큰 증가가 일어났는데 이것이 고생대의 시작이며 고생대를 대표하는 삼엽충의 출현도 이때다. 그리고 삼엽충의 멸종이 고생대의 끝이자 중생대의 시작이다.

왜 하필 5억 4천만 년 전에 생명체의 대규모 폭발적 진화가 갑자기 이루어졌을까? 생명체의 종류가 대폭발했다는 것은 유전자가 다양하게 변했다는 뜻이다. 어떤 생명체가 급격히 진화하려면 이를 촉진하는 데 가장 필요한 것이 풍부한 정보의 공급인데 DNA는 외부에서 들어온 다양한 정보를 바탕으로 변하는 것이기 때문이다. 따라서 이 시기의 갑작스러운 외부 정보의 증가가 생명체 종류의 대폭발을 가져왔다고 보는 것이 합당하다. 이는 사람도 똑 같아 독서 등을 통하여 지속적으로 지식을 습득해야 더 높은 단계로 진보한다.

이 원인에 대해 많은 학설이 등장하였는데 그중의 하나가 햇빛 설이다. 빙하가 녹으며 햇빛이 물속으로 들어가 물속이 환해졌고, 그 결과로 귀만 있던 생명체에 눈이라는 감각기관이 생겼다는 것이다. 당시 생명체는 아직 육상에는 없고 해양에만 살던 시기다. 따라서 물속에서 빛을 인식하는 동물이 생존에 가장 유리한 위치를 점하게 되었고 너도나도 눈을 만들게 되었다.

감각기관인 5감 중에 사람에게 들어오는 정보의 90%는 눈을 통해 들어온다. 눈이란 피부조직이 빛을 인식하는 데에서 비롯되었다. 이 조직이 점차 진화하여 물체에 반사되어 피부에 들어오는 빛의 정보를 해독하여 빛을 반사한 피사체의 모양을 알게 되었다.

이 시기에 생물체가 좌우대칭의 모습을 갖추기 시작했는데 이런 대칭 형상은 시각이 있어야만 가능한 형태다. 캄브리아기 후반에 삼엽충이 출현했는데 좌우대칭의 대표적 형태다. 좌우대칭 구조를 가지면 입과 항문이 분리되어 에너지를 사용하는 효율이 높아진다.

눈이 두 개인 이유는 한 개뿐이면 거리를 확인하기 어렵기 때문이다. 두 개의 눈이 만드는 사잇각을 통하여 정확한 거리를 산출한다. 눈이 세 개가 아닌 이유는 불필요하기 때문이다. 눈을 여러 개 만드는 것보다 두 개를 좌우로 대칭적으로 배치하여 아주 잘 발달시키는 것이 최선이었다. 반면에 게나 가재, 새우 등으로부터 진화한 곤충은 여러 개의 작은 눈으로 구성된 겹눈이다. 대표적인 것이 잠자리로 360도 전체 방향을 볼 수 있어 레이다에 적용된다.

이는 외계에서도 유사하게 적용되어 외계에서 생명체를 발견했는데 좌우대칭이라면 진화의 역사가 30억 년 이상 되었으며, 상당히 복잡한 구조를 가진 생명체이고, 감각기관으로 눈을 가지고 있을 가능성이 높다.

햇빛이 바닷속 멀리까지 도달한다고 해서 바닷물 온도가 너무 올라가면 안 된다. 바닷물 온도가 올라가면 물속의 산소용존량이 줄어 생명체가 호흡할 수 없다. 전 세계 바닷물의 평균 온도가 10도 이상 올라가면 미생물을 제외한 지구상의 모든 생명체가 멸종한다. 실제로 고생대가 끝나게 된 이유가 이것이다.

대략 8억 년 전부터 6억 년 전 사이에 지구 표면 대부분이 얼음으로 덮여 있어서 햇빛이 바닷속 깊이 들어갈 수 없었다. 지구 표면의 평균 온도가 영하 50도로 지금의 남극대륙과 비슷했고, 바닷속은 평균 1,000 m 깊이까지 얼음으로 되어 있어 깜깜한 밤이었던 것이니 빛을 인식하는 눈이 필요 없었다. 이것은 빙하기라고 부르기보다는 지구동결현상(snowball earth)으로 부른다. 그러다 대략 6억 년 전부터 지구가 서서히 따뜻해져 지구를 덮고 있던 두꺼운 얼음이 녹기 시작했다.

지구동결현상이 끝난 이유는, 이 무렵 어떤 이유인지는 몰라도 대규모 화산폭발이 있었고, 그 결과 발생한 이산화탄소가 온실효과를 일으켜 지구 온도를 올렸기 때문이다. 지구동결현상 기간 동안에 지구의 산소농도가 급격히 증가하여 20%를 넘은 것으로 추정되는데 그 결과 오존층이 생겼다.: $O + O_2 \rightarrow O_3$

오존층은 지상 약 15 km부근에 형성된 공기층으로 태양의 강한 자외선을 차단하여 지구 표면을 보호한다. 5억 4천만 년 전이 대략 오존층 형성시기로 지구 표면이 태양빛으로부터 안전해지자 해양 동식물들이 육상으로 진출하게 되었다. 지구동결현상이나 오존층 현상이나 다 산소의 조화다. 지구동결현상이 없었다면 지금의 고등생명체도 없었을 것이다.

생명체 진화에 가장 큰 영향을 미치는 것은 기후다. 심지어 인류의 인종도 기후 차이가 만들었다.

05 / 고생대 페름기말 대멸종과 공룡류, 포유류의 출현

지구 45억 년 역사에서 지금처럼 생명체가 가득한 시기는 고생대가 시작되는 최근 5억 4천만 년 동안뿐이다. 그 이전은 미생물만 살았으며 그것도 지구 나이의 대략 중간인 21~24억 년 이후다. 지구에 생명체가 가득 차게 된 5억 4천만 년 전부터 지금까지를 고생대 – 중생대 – 신생대로 구분하고, 다시 '대'를 몇 개의 '기'로 나누어 구분하는데 그 기준은 대멸종이다.

2억 5천 2백만 년 전의 화석에는 생명체가 없다. 지구의 역사를 보면 주기적인 대멸종이 일어나는데 그중에 가장 큰 것이 고생대가 끝나던 2억 5천 2백만 년 전의 페름기 대멸종으로 지구상 생명체의 약 95%가 멸종했다.[1] 이산화탄소가 급격히 증가하여 지구의 기온이 급상승했다. 산소가 부족해지자 바다 생명체가 먼저 멸종하고 이어서 육상 생명체가 멸종했다.

---

1 중생대가 끝나던 6천 5백만 년 전에는 지구상 생명체의 약 75%가 멸종했다.

이 무렵에 어떤 원인인지 시베리아판에서 대규모로 화산이 폭발하고 막대한 용암이 지표면으로 분출했다. 화산이 이산화탄소와 일산화탄소를 지속적으로 배출하자 지구에 온실효과가 발생했다. 이 현상이 수백만 년 계속되자 바닷물 온도가 10도 가량 증가했는데 물은 온도가 낮아야 기체 등 산소가 많이 녹아 들어간다.

바닷속의 산소가 감소했고 바다 생물들이 죽기 시작했으며 바다표면에서 황화수소 등 독가스가 뿜어져 나오기 시작했다. 식물들이 거의 다 죽고 이어서 동물들도 거의 다 죽었다. 당시 지구 대기 중의 산소량이 30%에서 10%로 급감했다고 한다.[2]

이 산소 부족 상태가 장기간 계속되었는데 생명체는 유전자를 변형시켜 몸의 구조를 바꿔 이에 대응하기 시작했다. 이 중에 파충류도 몸의 구조를 바꿔 산소 부족에 대응하였는데 딱 두 종류가 살아남았다.

한 종류는 몸속에 공기주머니를 만들어 산소가 많을 때 저장했다가 부족할 때 꺼내 쓰는 방법을 택했다. 몸이 가벼우니 대형화해도 무리가 없었다. 또 알 껍질을 단단하게 만들어 독가스가 알을 뚫고 들어오지 못하게 했다.

다른 한 종류는 가슴뼈 절반을 없애고 배에 자궁을 만들어 거기에서 알을 부화시킨 후 내보냈다. 또 배와 가슴 사이에 횡격막(가로막)을 만들어 펌프작용을 하여 공기를 더 많이 호흡할 수 있도록 했다.

전자가 공룡류고 후자가 포유류인데 이를 중생대의 시작이라고 하고 공룡류와 포유류 간 경쟁이 시작되었다. 중생대에는 공룡류가 앞섰으나 백악기 말에 모두 멸종하자 신생대에 들어 포유류의 세상이 열렸

---

2 지구 대기중 산소량은 중생대 이후 20%로 회복하였고, 중생대 말기에 23%까지 상승했다가, 신생대 이후 21%다.

다.

금성은 표면온도가 460℃로 납이 녹는 고온이다. 태양계 초기에 지구와 금성은 모두 표면에 거대한 바다를 가지고 있어 비슷한 상태였으나 오늘날 지구만 생명체로 가득 찬 행성이다. 무엇이 이 둘을 이토록 다르게 만들었을까? 고생대 말기에 벌어진 온실효과가 금성에 일찍 찾아온 것이다. 지구는 이를 극복해 냈으나 금성은 극복하지 못하고 뜨거운 행성이 되었다.

지구는 복구되었는데 금성은 복구되지 못한 첫 번째 이유로 나는 자전을 든다. 지구는 하루에 반 바퀴씩 돌아 편서풍이라는 바람을 배경에 깔고 있으나, 금성은 자전을 거의 하지 않는 행성이라 강한 바람은 불지만 지구 같은 편서풍이 없다.

두 번째로는 이산화탄소를 흡수하여 광합성을 하는 식물의 존재다. 금성은 그런 식물이 없었거나 있어도 많지 않았으나, 지구는 휴로니안 빙하기를 거치며 이산화탄소를 호흡하고 산소를 배출하는 식물의 세상이었다.

06 / 고생대의 종말 원인과 대척점 학설

페름기 말에 대멸종으로 고생대가 끝난 원인은 무엇일까? 2억 5천 2백만 년 전에 [그림 1]의 지점을 중심으로 시베리아판이 대폭발하여(Siberian trap) 무려 2백만 년 동안 화산이 폭발했고, 여기에서 나온 이산화탄소가 지구 온난화를 불러와 바닷물 온도가 올라가고, 그 결과 해양 산소가 줄어들면 대멸종이 시작되었다는 것이다.

하지만 왜 당시 시베리아판이 대폭발을 일으켰는지에 대해서는 아직까지 확립된 학설이 없었다. 하나의 학설은 지구의 대륙 지각은 2억

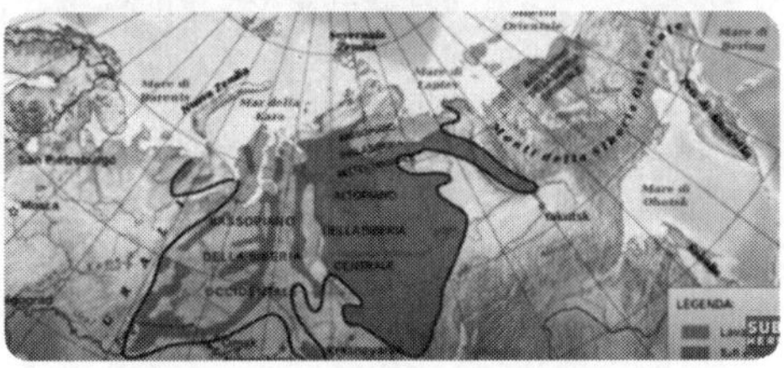

| 그림 1 | 시베리아판이 대폭발한 곳 위치

1 Youtube

5천만 년마다 모였다 흩어졌다는 되풀이하는데, 당시는 모여 있을 때라서 지구 열이 하나로 뭉친 대륙 지각을 제대로 뚫고 나가지 못해 시베리아판에서 대폭발이 발생했다는 것이었다. 이 이론에 따르면 지구는 2억 5천만 년마다 대폭발이 일어나야 하는데 지질학적 증거로 보면 그렇지 않다. 따라서 2억 5천만 년 대폭발 주기설은 신뢰성이 없다.

최근에 시베리아 대폭발의 원인에 대한 새로운 학설이 나왔는데 대척점 학설(antipodal theory)이다. 고생대 말 시베리아 대폭발이 시작되기 직전에 [그림 2]처럼 남극대륙에 거대한 운석이 출동했다. 운석공 지름이 무려 482 km로 중생대를 끝낸 칙술루브 운석공의 거의 3배에 이른다. 이 충돌이 대척점에 있던 지구 반대편을 밀어 올려 시베리아판이 대폭발하게 되었다는 것이다. 하지만 이 역시 학설의 하나일 뿐 아직 공인된 정설은 아니다. 앞으로의 더 많은 연구가 필요하다.

대륙이 모여졌다가 흩어지고 다시 모이는 2억 5천만 년은 태양계가 은하계 중심을 공전하는 주기와 비슷하다. 또 북극해와 그 대척점에 있는 남극대륙은 크기와 모양이 비슷하여 마치 북쪽을 찍어 누르자 남쪽이 튀어 나온 듯하다. 하지만 정확한 이유는 아직 모른다.

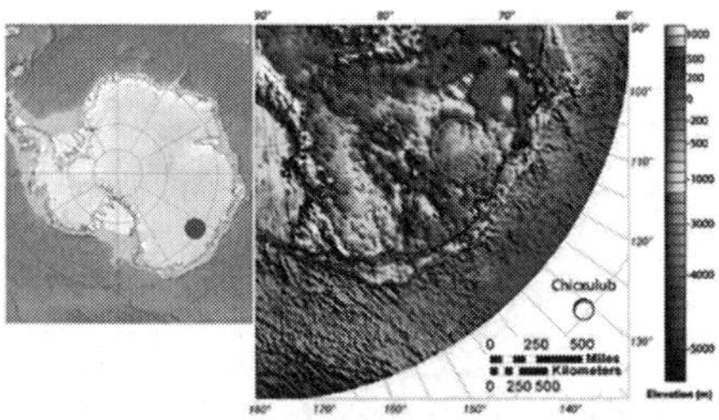

| 그림 2 | 남극대륙의 거대 운석공[2]

---

2 https://www.youtube.com/watch?v=-Img_iDkJOA

07 / 중생대 삼첩기 말의 대멸종과 공룡의 지구 정복

고생대가 끝난 2억 5천 2백만 년 전부터 중생대가 시작되어 2억 1백만 년 전까지의 약 5천만 년을 삼첩기 또는 트라이아스기(Triassic Period)라고 하는데 중생대의 3기 중에 맨 먼저 온 시기다.

삼첩기 말기에 대규모 화산폭발이 일어나 공기 중으로 이산화탄소를 대거 뿜어내 지구 온난화를 불렀다. 삼첩기 말기인 2억 3,400만 년 전에서 2억 3,200만 년 전까지 약 2백만 년 동안 긴 장마가 있었는데 이를 "카르니안절 우기(Carnian pluvial event)"라 부른다.

2백만 년 동안 비가 내려 해양 산성화를 불렀고, 그 결과 해양 생명체의 70%가 멸종하여 5대 멸종 중에 오래된 순서로 네 번째 대멸종이다. 대멸종이라고 부르는 것은 백만 년 동안에 생명체 종의 절반이 사라지는 경우다. 5대 멸종 중에 네 번째인 이 멸종이 현재의 지구 상황과 가장 비슷하다. 그래서 현재를 여섯 번째 멸종이 진행되고 있는 시기라고 한다.

삼첩기에 지구 최초의 대형 비행 척추동물인 익룡이 출현하는 등 공룡들이 나름대로 번성했으나, 대형 공룡이 출현하지 않아 지구 전체에서 볼 때는 압도적이지는 못했다. 삼첩기 초기에 공룡류와 포유류를 비롯한 대부분의 육상 척추동물은 몸이 무거워 지면에 붙어서 살았다.

그러다 삼첩기 말의 카르니안절 우기를 거치며 지면은 젖고 식물이 매우 잘 자라 키가 매우 커지자, 동물도 식물을 따라 높은 나무의 잎을 먹을 수 있도록 유전자를 변화시켜 지면에서 일어나는 쪽이 생존에 유리하게 되었다. 그리고 이 단계에서 공룡이 진화하여 키가 커지거나, 나무를 잘 오르거나, 점프력이 있거나, 나무를 쓰러뜨릴 수 있는 힘이 있거나 하여 육상을 주도하게 된 것으로 본다. 공룡은 몸속의 공기주머니로 인하여 몸이 상대적으로 가벼웠던 것이다.

삼첩기 말의 대멸종에서 공룡류가 살아남아 진화하여 육상에서 압도적 지위를 차지하는 것은 쥐라기부터다. 이때 신체 균형을 잡는데 한 단계 높은 능력이 필요한 2족 공룡이 출현하였다. 이후 2족 공룡들 중에 수각류(獸脚類)의 소형 육식공룡 일부가 비늘을 깃털로 바꾸어 공중으로 진출하였는데 이것이 시조새의 출현이다.

수각류는 발가락이 3개인 용반목 공룡들로서 대부분 2족 보행이다. 이들은 삼첩기 말기에 출현하여, 쥐라기에 진화하고, 백악기에 전성기를 맞았는데 티라노사우루스와 벨로시랩터를 비롯하여 백악기의 육식공룡이 대부분 수각류다. 이들은 본래는 육식이었으나 일부가 잡식과 초식으로 진화했다.

4족 보행에 비해 2족 보행이 더 어려운 신체구조다. 2족 보행은 사실 보행이라기보다는 연속적으로 넘어지는 과정을 연결한 것이다. 짝수 보행만 있고 1족이나 3족 같은 홀수 보행이 없는 이유는 몸이 대칭이고, 홀수 보행은 균형잡는데 불필요하게 많은 에너지를 사용하기 때문이다.

4족 동물이 2족 보행을 하게 되면 앞발이 불필요해진다. 그러면 앞발은 진화하여 다음 두 가지 중에 하나를 택하게 된다.

❶ 앞발의 크기를 줄여서 손처럼 물건을 잡는 용도로 사용

- 주로 대형 2족 동물: 유인원, 사람

❷ 앞발의 크기를 키워 날개로 변화시켜 하늘을 나는 용도로 사용

- 주로 소형 2족 동물: 새, 박쥐

08 / 공룡의 체온

악어는 포유류 같은 항온 동물이 아니라 체온이 주변 온도에 따라 변하는 변온 동물이다. 그렇다고 악어의 체온 범위가 없는 것은 아니다. 포유류에 비하여 넓을 뿐 악어의 체온은 항상 32~35도 사이다. 즉 따뜻하다.

하늘을 날아야 하는 새는 포유류에 비하여 체온이 약간 더 높다. 인간은 36~37도인데 비하여 조류는 40~42도다. 조류의 체온이 이보다 더 높을 수는 없는 이유는 더 높아지면 신체 내부의 신진대사를 관장하는 효소가 죽기 때문이다. 따라서 일반 체온계도 대부분 42도까지만 있다.

악어의 체온이 30도가 넘으면 따뜻하다고 할 수 있다. 그러면 공룡의 체온은 어땠을까? 공룡이란 파충류에서 조류로 진화하는 중간단계다. 따라서 공룡도 체온이 있을 것으로 예상할 수 있다.

최근 미국의 UCLA 대학 로버트 이글(Robert Eagle) 교수팀은 고대 공룡알 화석에 포함된 동위원소 분석을 통해 처음으로 공룡의 체온을 측정해 냈다. 아르헨티나와 몽골에서 가져온 공룡 화석을 분석한 결과 8,000만 년 전 대형 초식공룡 티타노사우루스의 체온은 37.8도였고, 7,500만 년 전 대형 육식공룡 티라노사우루스의 체온은 32.2도였다고 한다.

어떻게 0.1도까지 정밀하게 알아냈는지는 의문이나, 공룡의 체온이 조류보다는 낮으나 파충류보다는 높았다는 뜻이다. 그러면 체온이 항온이나 변온이냐가 문제가 아니라 체온 변화폭이 얼마나 되었는지가 문제다.

연구팀의 이글 교수는 "공룡은 지금의 새와 악어의 중간쯤 되는 체온을 가지고 있었던 것으로 추정된다."라며 "이는 공룡이 체내에서 열을 발생시키고 외부 기온보다 높은 체온을 만들 수 있었다는 의미"라고 했다.

09 / 영장목의 출현

삼첩기에 공룡과의 경쟁에서 밀려난 포유류는 쥐라기에 낮을 피해 밤으로 달아나 야행성 동물이 되었다. 피부가 털로 덮여 밤의 찬 기온에 적응하게 되었으며, 땅굴을 파고 살게 되므로 대형화가 불가능하였다. 백악기 말에 공룡이 멸종할 때까지 포유류는 고양이 크기 이상으로 크게 진화하지 못했다.

포유류는 야행성 동물이 되다보니 망막의 붉은 색을 인지하는 원추세포가 퇴화하여 세상을 칼라로 보지 못하고 청록의 2가지로만 보게 되었다. 대신 밤에 명암을 인식하는 원추세포가 발달하였다.

그런데 포유류 중 단 1종류만 야행성이 안 되고 주행성이 되었는데 깊은 숲속의 나무 위에 사는 포유류로 이것이 인류를 탄생시킨 영장목(원숭이목)의 기원이다.

영장목은 중생대 3기 중 마지막기인 백악기에 출현하는데, 나무를 올라 다니며 곤충을 잡아먹던 잡식 쥐 비슷한 모습으로 추정된다. 단 다른 쥐 종류와 다른 것은 야행성이 아니고 주행성이었다는 것이다. 깊은 숲속의 나무 위에서 살다보니 낮에도 공룡을 피할 수 있었다.

이들은 나무 위에서 살려면 주식인 열매가 익었는지를 구분해야 하므로 붉은 색을 인지하는 원추세포가 필요하다. 따라서 칼라로 색을 보아야 한다. 이들은 시각을 발전시킨 대신에 다른 포유류들보다 후각은 떨어진다. 생명체는 모든 기능을 골고루 발전시키는 것보다, 사용하지 않은 것은 에너지를 적게 공급하여 퇴화시키고, 많이 사용하는 것은 에너지를 많이 공급하여 발전시켜 에너지 사용 효율을 극대화하는 특징이 있다. 그래야 생존확률이 높아지기 때문이다.

초식동물은 死角을 줄여 포식자를 먼저 찾아내기 위하여 눈이 얼굴의 옆에 있고, 육식동물은 거리를 정확히 측정해야 하므로 눈이 얼굴 앞에 있다. 그런데 영장목은 나무 위에서 이동할 때 거리를 측정하지 못하면 나무에서 떨어지므로 눈이 육식동물처럼 얼굴 앞에 있다. 영장목은 지면 생활에 만족하지 않고 높은 나무를 오른 것이 진화의 결정적 요인이었다.

중생대 영장목의 모습과 가장 가까울 것이라고 추정되는 것은 현재의 원시적 영장목인 나무타기쥐다. 쥐는 대부분이 설치목이고 일부가 식충목(고슴도치와 두더쥐 등)이다. 나무타기쥐는 몸의 길이는 약 20 cm이고 꼬리의 길이는 15~20 cm로 나무 위에서 사는 큰 쥐처럼 보이나 식충목의 특징들이 남아있어서 영장목이 식충목에서 분화된 것으로 본다.

오늘날은 분자생물학 및 분류학의 발달에 따라 식충목을 하나의 분류군으로 받아들이지 않고 고슴도치목과 땃쥐목으로 대체되었다. 생물의 분류란 고정된 것이 아니라 생물학이 발전함에 따라 항상 변한다.

신생대가 시작되고 약 천만 년 동안의 팔레오세가 끝날 무렵 대부분

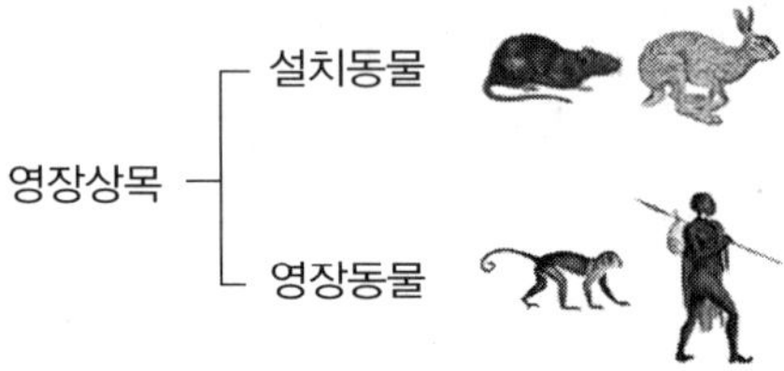

| 그림 1 | 영장목의 친척은 설치동물인 쥐와 토끼다.

의 포유류 '목'들이 등장하여 오늘날 포유류의 골격을 형성하게 된다. 공룡이 떠난 후 빈 생태계에 마음껏 번성하여 다양한 종류가 나타나게 된 것이고, 그 하나가 식충목이 나무 위로 올라가 분화한 영장목의 급격한 발전이다.

동물들 중에 거울 속의 자신을 알아볼 수 있는 자의식을 가진 동물은 포유류 중에서는 침팬지를 비롯한 유인원과와 범고래를 비롯한 참돌고래과, 조류 중에서는 까치를 비롯한 까마귀과 일부 동물들뿐이다.

10 / 신생대 5,600만 년 전 PETM 기온 급상승

6,500만 년 전 공룡 멸종 후 신생대가 시작되고, 그로부터 약 천만 년이 지난 5,600만 년 전에 팔레오세(P)가 에오세(E)로 바뀐다. 이때 대멸종이 발생했는데 흥미로운 것은 이 경계에서 약 20만 년 동안 지구 평균 기온이 급격히 5~8도 상승했다는 것이다(Thermal Maximum). 5~8도는 굉장한 것이다.

극지방은 기온이 -20도에서 20도까지 상승하여 지구상 얼음이 다

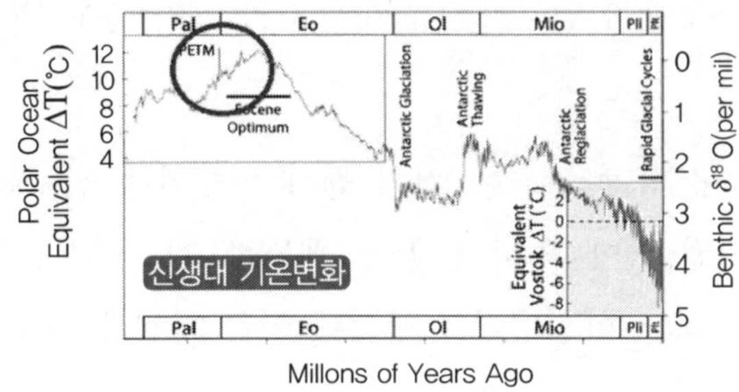

|그림 1| 공룡이 멸종한 지 약 천만 년 지난 후에 지구 온도가 20만 년 동안 갑자기 급상승했다가 급강하했다.

녹고 남극과 북극에도 숲이 생겼다. 이 급격한 20만 년 동안의 지구 온난기를 간략히 PETM(Paleocene – Eocene Thermal Maximum)이라고 한다.

그런데 문제는 이 급격한 온도 변화의 원인을 모른다는 것이다. 즉 20만 년 동안 갑자기 이산화탄소의 양이 상승했다가 다시 갑자기 내려간 이유를 모른다는 것이다. 이 원인에 대하여 다음처럼 여러 가지 가설들이 있다.

- **가설 1:** 해저 깊은 곳에서 메탄수화물에 들어가 있던 이산화탄소가 어떤 이유로 해서 대거 공기 중으로 뿜어져 나왔다.
- **가설 2:** 지구에 유성우(운석의 비)가 내려 전 지구적 화재가 발생했다. 수만 년 동안 탔으며 증가한 이산화탄소로 인하여 지구 기온이 올라갔다가, 시간이 지나자 이산화탄소의 양이 줄어들고 다시 기온이 하강하였다.
- **가설 3:** 거대한 운석이 충돌하여 지각이 흔들려 대규모 화산폭발이 일어났다. 운석 충돌 지점은 미국의 대서양 해안 쪽으로 추정된다고 한다.[1] 화산이 내뿜은 이산화탄소로 인하여 지구 기온이 올라갔다. 화산폭발이 멈추자 이산화탄소의 양이 줄고 기온이 다시 내려갔다.
- **가설 4:** 지구 공전 궤도는 거의 원과 비슷한 타원이다. 그런데 이 시기에 어떤 힘에 의하여 공전 궤도가 찌그러져 있었다.[2] 이를 Orbital forcing 학설이라고 하는데 이런 이심률 최대 시점은 주기

1 https://www.science.org/doi/10.1126/science.aaf5466
2 https://www.ncbi.nlm.nih.gov/pmc/articles/PMC9509358/

적으로 일어나지만 다른 시점에는 이런 온난화가 없었다.

이런 갑작스러운 온도 상승은 매년 110억~170억 톤의 이산화탄소가 4천 년 동안 배출되어야 가능하다고 한다. 참고로 오늘날 지구는 매년 약 100억 톤의 이산화탄소를 배출한다.

나는 위의 가설들이 모두 맞을 수도, 모두 틀릴 수도 있다고 생각한다. 즉 여러 개의 조건이 우연히 한 번에 일치하여 일어나 갑작스러운 온난화가 발생했다고 본다. 중생대 이전에도 데이터가 없을 뿐 이런 갑작스러운 온난화가 여러 번 있었을 것이다.

온난화 기간에 바닷물의 온도 상승과 함께 바다의 산성화(Ocean acidification)가 진행되었다. 대규모 생명체 멸종은 바다에서 먼저 발생했다. 물은 기온이 올라갈수록 산소 등 공기를 적게 함유한다. 해수 온도가 올라가고 산소가 줄어들자 해양 생명체가 제대로 호흡할 수 없었다. 생태계의 변화는 온도뿐만 아니라 습도와도 관련이 있다. 이 20만 년의 온난화는 건조한 온난화가 아니라 습기가 아주 많은 온난화였다. 그리고 얼음이 녹아 민물의 양이 증가하였다.

PETM 이후에도 지구의 기온은 점차 올라갔으며 다시 내려가 이전으로 복귀하는 데 약 천만 년이 걸렸다. 즉 4,500만 년 전에 PETM 이전 기온으로 복귀하였다. 그리고는 기온이 점점 더 내려가 극지방이 지금처럼 얼어붙게 된 것은 이로부터 천만 년이 더 지난 3,500만 년 전부터였다. 그리고 다행스럽게 생태계는 복구되었다.

20만 년 동안 온도가 갑자기 상승한 사건은 오늘날 지구 온난화를 겪고 있는 현대인들에게 원인과 결과를 통해서 해결책을 제시할 수 있어서 매우 중요한 연구과제다.

11 / 호랑이만 한 늑대, 에피사이언

만일 개가 호랑이만 하면 어떤 일이 발생할까? 궁금한 일이 아닐 수 없다. 현재의 늑대는 호랑이 체중의 ¼에 불과하고, 인도에서는 도시의 산에 사는 표범이 산 주변을 지나가는 개를 잡아먹는데 둘의 체중이 엇비슷하다고 한다.

약 5천만 년 전에서 2천만 년 전 사이에 [그림 1]의 bear-dog이라고 부르는 거대한 늑대가 살고 있었다. 이름이 에피사이언(epicyon, 엠피시온)인데 개과 동물임에도 불구하고 체중이 최대 170 kg으로 거의 호랑이만 하였다. 신체구조상 사냥방식이 늑대보다는 곰과 비슷했을 것으로 본다. 분포지역은 [그림 2]처럼 유라시아대륙과 북아메리카대륙의 온대지역이다.

현재의 늑대에 비하여 체격이 월등히 컸으므로 호랑이나 사자를 만나도 크게 밀리지 않았을 것이다. 하지만 에피사이언은 호랑이나 사자를 만나지 못했다. 그 이유는 호랑이나 사자는 이들이 멸종한 훨씬 후에 나타난 종들이기 때문이다.

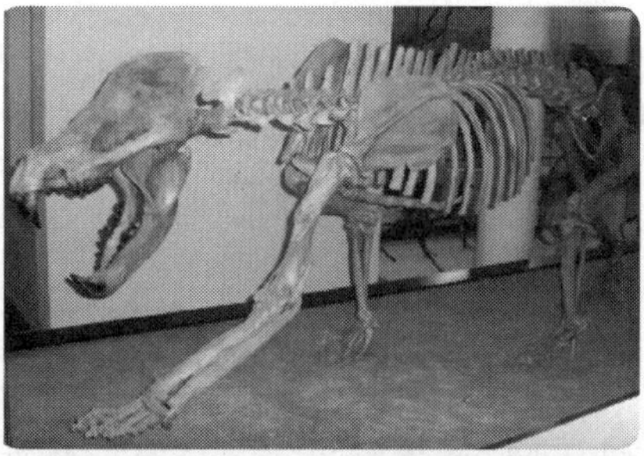

| 그림 1 | 에피사이언의 골격화석[1]

에피사이언이 돌아다닐 때는 표범의 조상만 있었고 표범의 조상은 이들을 피해 다녔을 것이다. 하지만 에피사이언은 멸종했고 표범의 조상은 훗날 호랑이와 사자로 진화했다.

고양잇과 중에서도 곰과 비슷한 방식의 사냥을 하던 종류가 있었는데 지금은 멸종한 검치호(Saber-toothed tiger)였다.[2] 이들은 꼬리가 짧고 가슴 근육이 발달하여 곰처럼 앞다리로 먹이를 잡고 집단으로 공격할 수 있었다.

모든 동물은 신체 구조상 가장 적합한 크기가 있다. 개과가 커지면 달리는 능력을 포기하고 곰처럼 사냥해야 한다. 개과 중에서, 인간이 개량한 대형견 종류를 제외하면, 늑대가 가장 큰데 그 이상 클 필요가 없다. 늑대 4~5마리가 모이면 대부분의 초식동물들을 사냥할 수 있기 때문이다. 또 기후의 급변 같은 비상사태가 발생하면 몸 크기를 줄여 에너지 소모를 최소화하는 것이 생존에 유리하다.

---

1 https://newdinosaurs.com/amphicyon/

2 검치호는 4천만 년 전에 출현하여 마지막 방하기에 멸종했다. 송곳니의 크기는 최대 30 cm, 체중은 최대 400 kg까지 나갔다. 분류학상 호랑이의 직계 조상이 아니다.

| 그림 2 | 에피사이언 화석 발굴지역.[3] 주로 유라시아대륙과 북아메리카대륙의 온대지역에 분포했다.

개과는 이빨만으로 사냥하는데 고양잇과는 이빨과 발톱의 양쪽으로 사냥한다. 그 이유는 개과는 사냥감을 추격하여 잡으므로 먹이가 지쳐 발톱이 큰 역할을 하지 않으나, 고양잇과는 사냥감을 기습하여 잡으므로 먹이를 단단하게 잡을 발톱이 필요하기 때문이다.

에피사이언이 멸종한 이유에 대해서는 다른 대형 육식동물들의 출현 때문이라는 설이 유력하다. 예를 들어 북아메리카대륙에 에피사이언이 번성할 때는 그들만큼 큰 초식동물을 사냥하는 다른 경쟁자가 없었다. 그런데 구대륙에서 다른 고양잇과나 곰과 같은 대형 육식동물들이 들어옴에 따라 이들과의 경쟁에서 밀려 점차 멸종하게 되었다는 것이다. 아시아에서도 마찬가지로 대형 육식동물들이 이들 지역으로 남하함에 따라 멸종하게 되었다는 것이다.

만일 아시아나 아프리카대륙의 표범이 아메리카대륙으로 이주해오면 재규어는 표범보다 힘은 세지만 표범과의 경쟁에서 패하여 멸종할 것으로 본다. 마치 빙하기에 아메리카 토종 동물들이 시베리아에서 이

---

3 Wikipedia

주한 곰과 늑대, 사슴 같은 동물들에게 경쟁에서 패하여 멸종했던 것과 유사한 현상이 발생할 것으로 본다.[4] 그 이유는 표범은 호랑이나 사자 같은 강적과 싸우며 진화했으나 재규어는 그런 기회를 갖지 못했기 때문이다. 이 원리는 인간 세상에도 동일하게 적용되어 주변에 나를 괴롭히는 강적이 많으면 많을수록 나는 이것을 극복하면 더 강해지는 것이다.

---

4 『과학의 쉬는 시간』(북스힐, 2017), p. 179, 검치호의 멸종.

12 / 롱단 호랑이

호랑이, 사자, 재규어, 표범은 표범속으로 분류한다. 모두 표범 비슷한 동물에서 갈려 나왔기 때문이다. 재규어는 약 3백만 년 전에 표범에서 갈려 나왔고, 사자와 호랑이는 그 뒤에 갈려 나온 것으로 알려졌다. 하지만 최근 연구는 호랑이가 가장 먼저 갈려 나왔고 사자와 재규어는 나중에 갈려 나온 것으로 수정되었다. 그때 눈표범 비슷한 조상에서 갈려 나온 호랑이가 지금의 호랑이인 것은 아니고 정확히는 호랑이의 조상이다. 현재의 호랑이는 약 백만 년 전인 극히 최근에 나타난 종류라고 한다.

재규어가 표범에서 갈려 나온 것은 무늬가 비슷한 것으로부터 쉽게 알 수 있다. 실제로 전문가 아니면 둘을 구분하기가 쉽지 않다. 사자는 새끼시기에 표범 같은 점박이 무늬가 있다가 성장하며 사라지므로 이것으로부터 '아, 사자가 표범에서 갈려나왔나 보다.'라고 생각하게 된다.

그런데 호랑이는 어떤가? 어떻게 점박이 무늬가 줄무늬로 바뀌었을까? 그 중간 단계인 점과 줄이 반반씩 섞인 진화단계가 있었을까?

| 그림 1 | 롱단 호랑이 상상화.[1] 표피가 표범과 호랑이의 중간 무늬다. 크기도 둘의 중간이었다.

약 200~250만 년 전에 남중국과 동남아시아에 정글에 롱단(Long dan) 호랑이라고 하는 눈표범에서 막 갈려 나온 종류가 있었다. 이들은 매우 짧은 기간 동안에만 존재했는데 체중이 80~100 kg으로 표범의 2배 정도였고, 무늬가 표범과 호랑이의 혼합형이었다. [그림 1]이 그 상상화인데 표피는 보통 화석으로 남지 않는데 표피 무늬를 어떻게 추정했는지 궁금하다.

호랑이가 점차 커지는 방향으로 진화한 이유는 먹이가 되는 초식동물들이 점차 크기가 커졌기 때문이다. 초식동물이 몸의 크기를 키워 육식동물에 대항하면 육식동물은 먹이를 바꾸어 적응하던가 아니면 자신들도 크기를 키워 적응하는데 호랑이는 후자였다.

현재의 호랑이나 사자는 고양잇과 신체 구조로는 사냥이 가능한 최대 크기다. 아버지를 사자로 어머니를 호랑이로 하여 태어난 라이거처럼 체중이 300~400 kg 이상으로 몸이 커지면 야생에서 생존이 어렵다. 이들은 전속력으로 100 m 이상 달리지를 못하므로 사냥이 불가능하다. 체격이 크면 숨기도 어렵다. 따라서 청소동물로나 생존하던가, 아니면 곰처럼 잡식성으로 식성을 바꿔야 생존이 가능할 것이다.

---

1 https://www.youtube.com/watch?v=NBznC6sTS-M

13 / 코모도 왕도마뱀의 진화

인도네시아의 코모도섬은 [그림 1]처럼 자바섬과 티모르섬 사이에 있는 강화도보다 약간 큰 섬이다. 그런데 그 섬에 사는 도마뱀 때문에 세계적으로 유명하다. 코모도드래건(komodo dragon)이라고 불리는 [그림 2](a)의 세계에서 가장 큰 도마뱀이 사는데 이를 처음 본 유럽인들은 육지에 사는 악어라고 했다 한다. 길이가 2.6 m, 체중이 90 kg까지 나가니 중형 악어만 하다.

하지만 악어가 아니고 독도마뱀의 일종으로, 현존하는 지구상 최대

| 그림 1 | 인도네시아 코모도섬의 위치

의 도마뱀이다. 과거에 호주의 메갈라니아 등 길이가 4 m에 이르는 거대한 도마뱀들도 있었지만 지금은 모두 멸종했다.[1] 일부에서 호주의 메갈라니아가 코모도섬에 들어와 크기가 작아진 것이 아닌가 하는 의견도 있었으나 그렇지 않다.

연구에 의하면 코모도드래건은 분류학상으로는 [그림 3]의 왕도마뱀과다. 본래는 꼬리 포함 길이 2 m, 체중 10 kg 내외의 [그림 2](b)의 호주에 사는 왕도마뱀(Lace monitor) 종류로 나무를 오르는 도마뱀이었다. 참고로 10 kg은 나무를 올라갈 수 있는 도마뱀의 최대 크기다. 이들은 독이 있었고, 뱀독에는 면역이 되어 있었으며, 순간 속력이 충분히 빨라 자기보다 큰 캥거루를 잡아먹기도 한다.[2]

호주 왕도마뱀 종류가 약 4백만 년 전에 코모도섬에서 대형화되었다고 하는데 그때 벌어진 진화 과정을 살펴보자.

(a) (b)

| 그림 2 | (a) 인도네시아의 코모도드래건,[2] (b) Lace monitor라 불리는 호주의 왕도마뱀

1 『과학의 쉬는 시간』((북스힐, 2017), p. 176, 호주 메갈라니아의 멸종.

2 Wikipedia

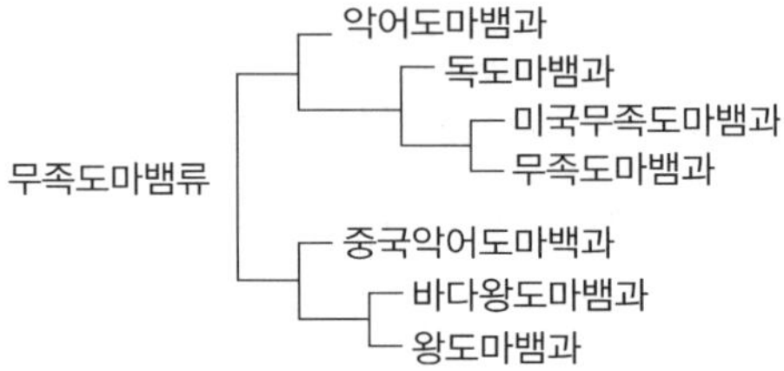

| 그림 3 | 코모도드래건은 왕도마뱀과에 속한다.

어떤 생태계에 중대형 초식동물이 있으면 이에 걸맞은 중대형 육식동물이 있어야 먹이사슬이 완성된다. 그런데 코모도섬에는 중대형 초식동물은 있는데 주변은 바다가 깊어 빙하기에조차 중대형 육식동물이 들어오지 못했다. 생태계의 먹이사슬이 비자 소형 육식동물의 한 종류가 대형화하여 그 빈 곳을 채운 것이 코모도드래건이라는 것이다. 그런데 현재는 인간과 개, 고양이를 비롯하여 여러 동물들이 섬에 들어와 경쟁에서 점차 밀려나고 있어 멸종 위기종이다. 코모도드래건이 21세기를 버텨낼지 의문이다.

만일 4백만 전 전에 코모도섬에 호랑이나 표범, 혹은 곰이나 늑대 같은 중대형 육식동물이 있었다면 코모도드래건은 출현하지 않았을 것이다. 이는 마치 아프리카의 가장 큰 섬인 마다가스카르에 대형 육식동물이 없었는데, 아프리카에서 몽구스가 뗏목이나 나무를 타고 들어와 작은 퓨마 같은 모습을 한 포사(fossa)로 진화하여 최고 포식자가 됨으로써 먹이사슬을 완성한 것과 같다.[3]

---

3 『과학의 쉬는 시간』((북스힐, 2017), p. 192, 마다가스카르의 포사.

14 / 밀란코비치의 빙하기 이론

지구에 빙하기가 주기적으로 찾아오는 것에 관한 가장 유명한 학설은 유고슬라비아 학자였던 밀란코비치 빙하기 학설(Milankovitch cycles)이다.

그는 주기적 빙하기의 요소를 결정하기 전에 다음과 같이 3가지를 가정하였다.

① 태양에서 오는 빛의 양이나 세기는 변하지 않는다고 가정한다.
② 태양 외에 목성이나 토성 등 외부 천체가 지구에 주는 영향은 없다고 가정한다. 외계의 영향인 운석 충돌도 없다고 가정한다.
③ 지구 내부의 영향, 즉 화산폭발이나 대륙이동 같은 지각변동이 주는 영향은 없다고 가정한다.

그는 다음 3가지 요소가 주기적으로 빙하기를 가져온다고 하였다.

밀란코비치 빙하기 주기의 3요소

❶ 지구 공전궤도 이심률의 주기적 변화

지구의 공전궤도는 대략 10만 년 주기로 더 타원에 가깝다가 더 원에 가깝다가를 반복한다. 태양에서 가장 가까울 때가 1월이고 가장 멀 때가 7월로 남반구 계절과 일치한다.

❷ 지구 지축 기울기의 주기적 변화

지축의 기울기가 주기적으로 흔들린다. 대략 41,000년 주기로 23.5도를 중심으로 1도씩 변한다. 지구 같은 큰 달이 없는 화성은 실제로 자전축이 상당히 많이 변한다.

❸ 지구 지축의 세차운동

지축이 원을 그리는 세차운동을 한다. 따라서 북극성도 계속 바뀐다. 대략 26,000년 주기로 사막과 정글이 바뀐다.

그러면 밀란코비치 학설이 주는 지구 온도 변화와 실제로 측정한 지구 온도 변화는 얼마나 유사할까? 지구 온도 변화는 지층을 파서 분석하면 된다. 깊은 곳일수록 과거에 쌓인 흔적이고 얕은 곳일수록 최근에 쌓인 흔적으로 그 당시 온도를 추정할 수 있다.

[그림 1]이 밀란코비치 이론과 실측 결과를 비교한 것으로 일치율이 대략 65%다. 작은 빙하기 변화는 서로 일치하나 큰 변화는 일치하지 않는다. 밀린코비치 이론에 따르면 [그림 1](b)처럼 현재는 빙하기여야 한다. 이론과 실제가 불일치하는 이유는 대부분 밀란코비치가 가정하지 않았던 요인들인 지구 내부의 열 변화나 지구 외부에서 비롯된 운석

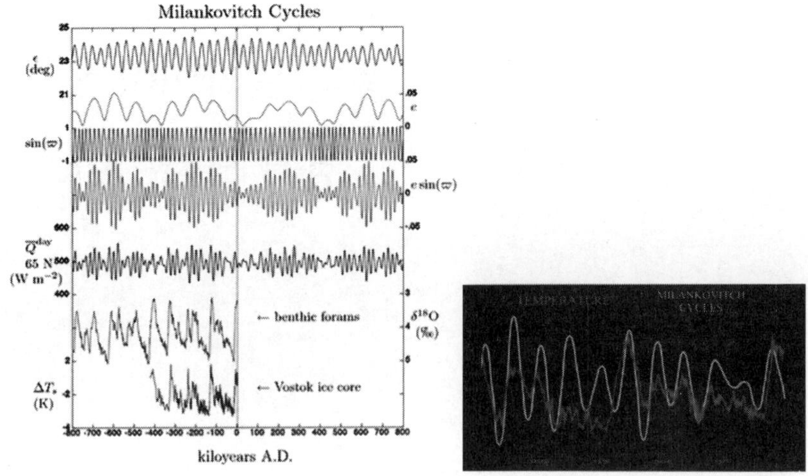

(a) (b)

| 그림 1 | (a) 밀란코비치 사이클에 따른 지구 온도 변화.[1] 맨 아래 그래프 2개는 실측에 의한 것이다. (b) 빙하기의 이론과 실제 비교

충돌 등의 영향으로 본다.

---

4 Milankovitch cycles - Wikipedia

15 / 올더 드라이아스기와 영거 드라이아스기

12,900년 전에 그린란드를 비롯하여 지구 곳곳에 유성우가 떨어져 마지막 빙하기가 시작되었다고 본다. 이때는 운석이 바다보다 주로 육지에 떨어졌다. 이후 1,400년 동안 마지막 빙하기가 계속되다 11,600년 전에 다시 유성우가 지구에 몰아닥쳤다. 이번에는 운석들이 육지가 아니라 주로 대서양을 비롯한 바다에 떨어졌고, 대규모 해일이 발생하는 동시에 거대한 수증기가 지구를 덮어 빙하기가 끝났다고 본다. 즉 지구의 마지막 빙하기는 주기적 빙하기 이론인 밀란코비치 이론과 관계없는 불규칙한 것이었다.

이 지구 마지막 빙하기를 영거 드라이아스(younger dryas)기라 부른다. 드라이아스란 [그림 1]에 나오는 북반구 추운 지대에 피는 들국화 비슷한 꽃이다. 당시 북반구 전체에 아주 넓게 분포하였다. 이 빙하기 종료 후 지금까지를 지질학적 연대로 홀로세 또는 인류세라 한다.

[그림 2]의 약 14,500년 전부터 13,000년까지의 1,500년이 알레뢰드 간빙기(Bølling – Allerød warming)라 부르는 온난기인데, 이 기간 중간

| 그림 1 | 드라이아스. 북극 지역에 피는 흰색 꽃으로 에델바이스와 비슷하다.

의 약 200~300년 정도의 짧은 빙하기를 올더 드라이아스(older dryas)기라 하여 영거 드라이아스기와 구분한다.

흔히 빙하기 이전의 선사 문명이라고 하면 알레뢰드 간빙기 시기의 문명이다. 청주에서 발견된 볍씨가 약 15,000년 전인 것으로 보아 벼농사는 이 알레뢰드 간빙기에 이미 시작되었다.

두 드라이아스기 사이의 기간도 지금보다 평균 10도 이상 추운 기간이었다. 이 영거 드라이아스기에 기간에 많은 동물이 멸종하였는데 특히 당시 동물의 왕국이던 북아메리카대륙에서 대형 포유류들이 많이 멸

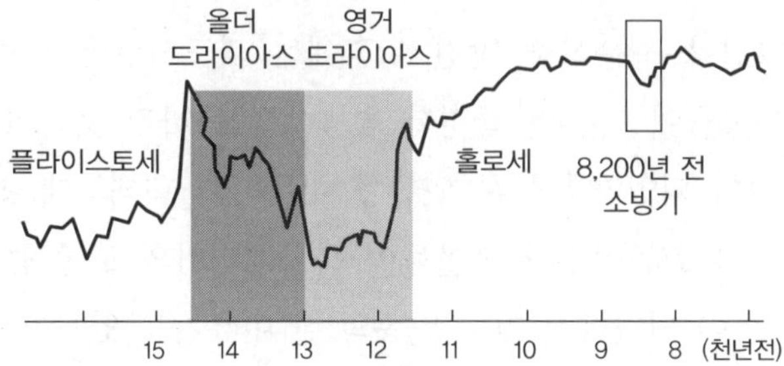

| 그림 2 | 플라이스토세에서 홀로세로의 전환. 왼쪽 막대 1,500년을 알레뢰드 간빙기라고 하는데, 그 내부의 200~300년 동안의 좁은 구간이 올더 드라이아스기다.

종하였다.

영거 드라이아스기에 대한 연구는 상당히 이루어졌으나 올더 드라이아스기에 대한 연구는 상대적으로 적다. 올더 드라이아스기가 시작하기 직전인 약 14,500년 전에 기온의 급상승으로 지구에 대규모 홍수가 있었다. 이런 온도 급상승은 운석이 바다에 떨어져 생긴 것으로 추정된다. 이 홍수 이후 지구는 잠깐이지만 100~200년 정도 현재 정도로 따뜻했다. 그리고 다시 기온이 급강하하여 올더 드라이아스기가 시작되었다.

영거 드라이아스기에 당시 불탄 재가 지층에서 출토도어 이를 YDB(Younger Dryas Boundary)라 한다. 된다. 12,900년 전 그린란드 대형 운석 충돌로 발생한 화재와 재가 지구 자전에 의한 편서풍을 타고 동쪽으로 날아가 북아메리카와 유럽까지 번졌는데 특히 북아메리카의 동식물이 가장 큰 피해를 보았다.

올더 드라이아스기와 영거 드라이아스기에 걸쳐 검치호, 아메리카 말, 아메리카 사자, 아메리카 치타, 다이어늑대, 짧은 얼굴 대형 곰 등 포유류들이 대거 멸종했는데, 그 원인으로 과거에는 시베리아인들의 이주에 의한 과도사냥론(over hunting theory)이 우세하였다.

하지만 그린란드 운석공 발견 이후에는 과도사냥론이 공식적으로 폐기되고, 동물들이 기후의 급격한 변동에 적응하지 못하여 멸종했다는 것이 정설이 되었다.[1] 물론 인류를 비롯하여 회색늑대, 회색곰, 순록 등 시베리아에서 이주한 동물들이 북아메리카의 토종 동물들을 몰아내고 우세종이 되었다는 것도 멸종의 한 이유가 되었을 것이다.

---

1 다이아몬드의 "총균쇠"를 보면 대멸종의 원인으로 과도사냥론을 거론하고 있는데, 책을 집필할 당시는 그린란드의 운석 충돌을 몰랐을 때다.

빙하기 기간에 발생한 북아메리카대륙의 말을 비롯한 가축이 가능한 포유류의 멸종은 이후 국가를 세우고 문명을 발전시키는데 큰 결함이 되어 근대에 유럽인들에게 정복되었다.

문명의 발전을 역학 또는 힘(또는 에너지)을 사용 단계로 구분하면 (1) 인간의 힘을 사용하는 단계 ➜ (2) 가축의 힘을 사용하는 단계 ➜ (3) 기계의 힘을 사용하는 단계로 나뉘는데 아메리카대륙은 중간이 없는 것이다. 따라서 아메리카인은 기계의 힘을 사용하는 세 번째 단계로 발전하지 못했다.

빙하기의 종식은 11,600년 전 거대한 운석이 서아프리카 가까운 대서양에 떨어져 발생한 것으로 추정되는데, 지구 전체가 수증기로 덮힐 정도였으며, 북아프리카의 서부 사하라 초원지대가 바닷물에 잠겼다. 당시는 사하라가 사막이 아니라 숲과 초원지대였다. 시기적으로 이 무렵에 발생한 아틀란티스의 멸망은 대홍수에 의하여 육지가 잠기고 빙하기가 끝나던 순간을 전한 것으로 본다.

16 / 검치호의 사냥터

빙하기에 멸종한 검치호가 사자처럼 초원에서 사냥하던 동물이었는지, 아니면 호랑이처럼 숲속에서 사냥하던 동물이었는지는 검치호의 형태를 보고 이미 예측되었다. 꼬리가 짧은데 이는 달릴 때 방향타가 없어 달리기 어려워 초원에서는 사냥이 어렵다는 뜻이다. 대신에 뒷다리의 각도가 점프에 유리하게 되어 있어 숨어 있다가 기습하는 형태라서, 숲속에서 집단으로 크고 느린 초식동물들을 사냥했다는 뜻이다.

고양잇과는 몰래 숨어 있다가 달려 나와 기습하는 동물, 개처럼 달려서 상대가 지치면 사냥하는 동물, 곰처럼 붙들고 늘어져 사냥하는 동물이 있는데, 검치호는 곰처럼 사냥하는 동물이었고 긴 이빨도 이때 사용했다는 것이다. 이 중에 개처럼 사냥하는 동물은 거의 다 멸종하고 치타 한 종류가 남았으며, 곰처럼 사냥하는 동물은 모두 멸종하였다.

검치호가 숲속에서 사냥했다는 것은 방사성 동위원소 분석으로 다시 확인되었다. 탄소는 12(양성자6개 + 중성자6개)가 대부분이고 13(양성자6개 + 중성자7개)은 1%정도 되는데 13이 12보다 무겁다. 따라서 탄소

(a) (b)

| 그림 1 | (a) 스밀로돈 검치 화석,[1] (b) 거대 나무늘보인 메가테리움의 골격 화석[2]

13의 비율이 지면에 붙은 초원의 풀일수록 높고, 지면에서 먼 높은 나무일수록 낮다.

초식동물을 먹고 사는 육식동물의 치아 표면을 벗겨내 방사성동위원소 비율을 확인해 보면 이 동물이 어떤 초식동물을 사냥했는지를 알 수 있다. 검치호의 이빨 표면을 벗겨 탄소성분을 분석해보니 13의 비율이 매우 낮았다. 즉 검치호는 숲속에 살면서 높은 나뭇잎을 먹고 사는 초식동물들을 사냥했던 것이다

빙하기에 아메리카대륙에서 매머드, 큰 나무늘보(메가테리움), 큰 아르마딜로, 말, 큰뿔 사슴, 북아메리카 낙타 같은 대형 초식동물들이 모두 멸종하고 시베리아에서 순록과 엘크 같은 사슴들이 이주해왔다. 이제 사슴을 사냥할 수 있느냐가 검치호 생존의 갈림길이었는데 검치호

---

1 Adobe Stock 무료 이미지

2 2015년 스페인 발렌시아의 자연사 박물관에서 촬영.

의 크고 느린 초식동물을 사냥하기에 특화된 신체 구조가 이번에는 오히려 불리하게 작용하였다.

사슴은 시베리아에서 호랑이, 표범, 늑대들에게 훈련받아, 잘 달려 쉽게 지치지도 않았고, 발이 빠르고 눈치도 빨랐으며, 더하여 영리하기까지 하였다. 호랑이와 사자가 입이 60도 정도 벌어지는 것에 비해 검치호는 입이 90도 이상 벌어지는데, 이는 야구에서 타자가 타격 폼이 큰 것과 비슷하여 정확도가 떨어져 달리는 동물의 목을 물 수 없었다. 검치호의 특징인 대형 송곳니는 정지한 동물을 사냥하는 데에만 적합했고 사슴처럼 달리는 동물을 사냥하는데 사용할 수 없었다.

숲속에서 사슴을 사냥할 수 없었고 초원에서는 들소를 사냥할 수 없었던 검치호는 곰과 늑대 같은 육식동물과의 경쟁에서 밀려나게 되었다. 진화과정에서 유리할 것으로 보였던 특성화가 자연환경이 급변하며 오히려 불리하게 작용하여 멸종의 원인이 되었다.

17 / 고양이 원산지 찾는 법

우리는 흔히 고양이가 이집트에서 처음 가축화되었다고 믿고 있다. 그런데 이것을 어떻게 알았을까? 유전자 분석의 결과다. 어떻게 알 수 있는지 생각해보자.

어느 동네를 가보니 모두 같은 무늬의 같은 크기의 고양이만 살고 있다. 이는 어디에선가 소수의 고양이들이 이주하여 와서 그 후손들이 유전적으로 비교적 균일하기 때문이다. 반면에 어느 동네를 가보니 온갖 잡 고양이들이 다 모여 있다. 이것은 어디에선가 이주해왔을 가능성보다는 그곳이 본래 고양이들의 고향이었을 가능성이 크다.

다시 쉽게 예를 들자. 동네 A에서 고양이 한 쌍을 배에 싣고 가서 고양이 없는 동네 B에 풀어놓았다. 다시 수백 년 지난 후에 동네 B에서 고양이 한 쌍을 배에 싣고 가서 고양이 없는 동네 C에 풀어놓았다. 다시 수백 년 지난 후에 D 동네로, 그리고 다시 E 동네로 퍼져갔다고 가정한다. 특히 과거에는 배에 쥐가 살았기 때문에 선원들이 쥐를 잡기 위해 배에 고양이를 실었다.

이제 A부터 E까지 각 동네의 고양이 10마리를 임의로 선택하여 유전자를 검사한다. 어느 동네의 고양이들 유전자가 가장 비슷하고 어느 동네의 고양이들 유전자가 가장 다를까? 당연히 원산지일수록 유전자 거리가 멀어 다양하고, 나중에 이주한 곳일수록 유전자 거리가 가까워 유사하다.

이런 방식으로 고양이들의 다양성을 조사해 유전자 지도를 그려보니 중동지방이 가장 다양하고, 그중에서도 이집트가 특히 더 다양했다는 것이다. 동시에 중동지방에서 먼 곳에 사는 고양이일수록 집단 내 유전자가 균일했다는 것이다. 따라서 이집트가 고양이의 원산지로 결정되는 것이다.

개는 빙하기가 끝나던 11,500년보다 전보다 훨씬 먼저인 5만 년 전에 가축화되었다. 늑대를 길들인 것인데 혹시 시베리아 늑대가 유명하니 시베리아가 개의 원산지가 아닐까 생각하는 사람도 있겠지만 가축화는 사람이 많은 곳에서 일어난다. 개의 유전자를 조사해보니 원산지는 동남아였다. 개는 인간 의존도가 높아 인간이 사라지면 대다수는 멸종할 가능성이 크지만, 고양이는 개만큼 오래 가축화가 진행된 것이 아니어서 인간이 멸종해도 대다수는 생존할 것으로 예측된다.

고양이는 마지막 빙하기가 끝나고 약 9천 년 전에 농경이 시작될 때 가축화되었다고 한다. 인간이 수확한 곡식을 훔쳐 먹던 쥐를 소탕하기 위하여 야생 고양이를 길들였는데, 현재 남아있는 야생 고양이들 중에 리비아 야생 고양이가 고양이 선조에 가장 가깝다고 한다. 고양이는 가축화 과정에서 크기가 작아졌는데 그 이유는 쥐를 잡으려면 크기가 작을수록 유리했기 때문이다.

고양이의 품종은 최근 백 년 동안 급격히 늘어났는데 인간이 개량했기 때문이다. 털이 없는 고양이부터, 발이 짧은 고양이, 귀가 큰 고양이, 표범 무늬 고양이, 토끼 모양 고양이,… 별의별 품종을 다 만들어내어 상품화하고 있다. 하지만 이들은 애완용일 뿐 야생 적응력은 크게 떨어져 인간의 도움이 없이는 살 수 없다. 인간의 도움 없이는 생존이 어렵다는 말은 완전 가축화에 가까워지고 있다는 뜻이다.

하지만 고양이가 번성하자 부작용도 크다. 특히 새를 많이 죽여 조류 생태계의 가장 큰 적이 되고 있다. 이대로 가면 고양이에 의한 대규모 조류 멸종이라는 최악의 자연 재해를 불러올지도 모른다.

독도에 쥐가 많아 문제인데 고양이를 풀 수 없다. 만일 고양이를 풀면 쥐를 잡는 것이 아니고 새를 잡을 것이기 때문이다. 대구대 연구팀에 따르면 독도 쥐는 울릉도에서 온 집쥐(Rattus norvegicus)라고 한다. 아마도 배에 숨어 들어왔을 것이다. 쥐는 생존력이 강해 어느 곳에 거주하던 쉽게 멸종하지 않는다. 독도의 쥐 퇴치를 위하여 새로운 방법이 필요하다. 새는 사냥하지 않고 쥐만 사냥하는 동물이 없을까?

18 / 영국의 표범과 알래스카의 호랑이

영국 섬은 공식적으로 표범이 없는 지역이다. 하지만 지난 세기에 종종 표범 목격담이 보고되곤 했다. 그 이유는 다음처럼 추정된다.

2차 대전 이전에 영국에서는 부자들 중에 표범을 집에서 기르는 사람들이 있었다. 표범을 반려견처럼 데리고 다니는 것은 아니고 집에 가족용 동물원을 만들어 키우고 있었다는 뜻이다. 그런데 영국 정부에서 일반인이 표범 같은 맹수를 집에서 기르지 못하도록 했다. 그러면 방법은 국가기관에 반납하거나 산에 버리는 것뿐이다. 특히 불법적인 거래를 통해 표범을 취득한 사람은 국가기관에 반납하는 과정에서 그 불법성이 드러날 수도 있다. 그 결과 인간이 산에 버린 표범들이 목격된 것이다.

하지만 지금은 영국에 표범이 없을 것으로 본다. 표범의 야생 수명이 10~15년 정도 되는데, 그사이에 짝을 만나기도 어렵고, 짝을 만나도 일정 이상의 개체가 확보되지 않으면 유전자의 다양성 부족으로 기형을 낳을 가능성이 커져 몇 대 못 가서 도태되어 버리기 때문이다. 이런 현상은 유전자가 복잡한 고등동물일수록 심하다.

호랑이 숫자가 줄어들며 멸종 위기종이 되어 가고 있다. 호랑이 보존을 위한 대안의 하나로 시베리아 호랑이의 알래스카 이주가 거론되는 모양이다. 하지만 미국 정부에서 들어줄 리 없다. 과거에 미국에서 호랑이 한 마리가 우리에서 탈출하여 큰 소동이 벌어진 일이 있다. 사살로 막을 내렸는데 사람과 동물 모두에게 비극으로 끝났다. 우리나라에서도 퓨마가 동물원 우리를 탈출한 적이 있었는데 결국 사살로 막을 내렸다.

만일 알래스카에 호랑이 이주가 실현된다면 그것은 미국 정부가 한 것이 아니고 영국이나 마찬가지로 우리에서 탈출한 호랑이들일 것이다. 하지만 호랑이가 우리에서 탈출해도 적어도 10쌍 이상 되어 유전자의 다양성이 확보되지 않는 한 몇 대를 못 가고, 영국에서 산에 버려진 표범들이 결국은 사라졌던 것처럼 멸종할 것이다.

따라서 만일 알래스카에 호랑이를 방사하여 종을 보존한다면 시베리아 호랑이에 다른 아종들, 예를 들면 벵갈 호랑이를 적절한 숫자로 섞어 유전자의 다양성을 확보해 주어야 한다.

만일 미국에서 동물학자들과 환경단체에서 진지하게 호랑이 이주를 검토한다면 아마도 호랑이를 보내기 전에 한국 표범과 같은 아종인 연해주의 아무르 표범을 먼저 방사해 테스트해 볼 가능성이 크다.

아무르 표범(한국 표범)의 개요

- Conservation status: Critically Endangered Encyclopedia of Life
- Scientific name: Panthera pardus orientalis
- Mass: 32~48 kg (Male), 25~42 kg (Female)
- Lifespan: 10~15 years (In the wild)

• Gestation period(임신기간): 92~95 days

아무르 표범은 평균 체중이 50 kg에도 미치지 못하여 표범 중에 상대적으로 크기가 작다. 다리도 상대적으로 짧은데 이는 달리는 능력보다 숲속에서 나무를 오르는 능력에 중점을 두어 진화했기 때문이다. 사람들의 눈에 사람들의 눈에 거의 띄지 않게 은밀하게 움직이므로 발견 자체가 어려워 알래스카에 방사해도 사람과 부딪힐 일은 거의 없을 것이다. 또한 알래스카의 최상층 육식동물들인 그리즐리 곰, 퓨마, 회색늑대 무리 등에 비하여 특별히 우세하지 못할 것으로 보여 알래스카 생태계를 크게 흔들지 못할 것이다.

표범이 아메리카대륙 생태계에 자리를 잡고 별 문제가 없이 안정되었다고 판단된 다음에 알래스카로의 호랑이 방사가 논의될 것으로 본다. 결국 호랑이의 알래스카 이주는 아주 먼 미래나 가능할 것이다.

19 / 바이오 로깅과 물범의 잠수 능력

물개와 물범은 비슷한데 물범이 조금 더 수중생활에 적응했다. 물개는 육지에서 앞발의 도움으로 걸으나 물범은 앞발로 걷지 못하고 몸통만으로 움직이기 때문이다. 또 물개는 아직 육상 포유류의 귓바퀴가 남아 있으나 물범은 귓바퀴가 퇴화되어 없다.

| 그림 1 | 하프 물범(harp seal)[1], 귓바퀴가 없어 Earless seal이라 불린다.

1 Youtube

물범의 잠수 능력은 얼마나 될까? 이것은 물범의 몸에 측정 장비를 부착하여 연구한 결과가 있는데 이를 바이오-로깅(Bio-logging)이라고 한다. 물범은 최대 900 m 정도까지 잠수가 가능하며, 잠수시간은 40분을 넘는다는 것이다. 무려 인간의 20배를 넘는데, 잠수 깊이 900 m는 일반 잠수함의 잠항 깊이인 50~500 m보다도 깊다.

참고로 물속에서는 10 m마다 약 1기압씩 증가하므로 900 m면 90기압이다. 이는 엄청난 압력인데 동물의 몸체가 대부분 물로 구성되어 있어서 가능한 것이다. 만일 사람이 900 m에서 바로 수면으로 나오면 잠수병에 걸려 위험하다. 그런데 물범은 어떻게 나오는지 궁금하다.

물속에서 압력이 증가하면 질소와 산소로 구성된 공기 분자들이 크기가 작아져 혈관으로 스며들어간다. 이후 물 위로 올라가며 압력이 줄어들면 혈관 속의 공기 방울이 팽창하기 시작하는데, 산소는 혈관에 녹아 세포의 호흡에 사용되므로 문제가 없지만, 질소는 혈관을 막아 혈류의 흐름을 차단하게 된다. 특히 뇌로 가는 산소가 줄어들면 바로 위험해진다.

인간의 몸에는 질소를 밖으로 배출하는 능력이 있으므로 매우 천천히 수면으로 올라가야 한다. 구체적으로 물속에서 물방울을 내보낸 후 물방울 올라가는 속력보다 천천히 올라가야 한다. 따라서 잠수부를 태우고 다니는 배에는 배 위에서 이를 인공적으로 해주는 감압장치가 있다.

물범보다는 덜 바다에 적응한 물개에 관해서도 연구결과가 나와 있을 텐데 확인하지는 못했다. 수중생활 적응도로 볼 때 물범에 약간 못 미치는 정도가 아닐까 예상된다.

바이오-로깅은 수중동물뿐만 아니라 새를 비롯한 조류, 고양이를 비

못한 포유류의 생활상을 연구하는 데도 사용된다. 작은 카메라를 몸에 붙인 후 풀어 주어 어떻게 생활하는지를 관찰하는 것이다.

그런데 곤충에도 가능할까? 나는 이것이 궁금하다. 곤충에 부착하려면 초소형 마이크로 카메라가 필요하고, 또 벌이나 개미처럼 집으로 돌아오는 곤충이 아니면 회수하는 것이 쉽지 않을 것이므로 영상을 무선으로 송신해야 할 것이다. 나아가 기생충에도 부착하고 촬영해 보았으면 한다.

20 / 작물과 잡초

잡초(雜草)를 사전에서 찾아보니 뜻이 다음과 같다.

- **잡초:** ①가꾸지 않아도 저절로 나서 자라는 여러 가지 풀(네이버 사전). ②잡풀은 인간이 농경 생활을 시작하면서 발생한 것으로 주로 산과 들판에 알아서 번식하는 잡다한 풀(namu wiki). ③잡풀은 인간이 농경 생활을 시작하면서 발생한 것으로 인간에 의해 재배되지 않고 저절로 나서 자라는 여러 가지 잡다한 풀로서 때와 장소에 적절하지 않은 식물이다(한글 위키페디아).

잡초를 뜻하는 weed를 영어 사전에서 찾아보니 다음과 같다.

- **weed:** ④ Plant considered undesirable in a particular situation, growing where it conflicts with human preferences, needs, or goals(Wikipedia). (특정 상황에서 바람직하지 않은 것으로 간주되는 식물

로, 인간의 선호도, 필요 또는 목표와 충돌하는 곳에서 자라는 식물)

⑤General term for any plant growing where it is not wanted(Britannica). (원치 않는 곳에서 자라는 식물의 총칭)

③~⑤의 외국 사전은 잡초를 인간이 원치 않은 풀이라고 본다. 그래서 undesirable 또는 not wanted 같은 말이 들어간다. 반면에 ①, ②의 우리나라 사전은 그런 말은 없고 성장 과정에서 인간의 손이 닿지 않는다는 데에 중점을 두고 있다.

나는 과거에 잡초에 대해서 외국식 정의에 따라 생각해 왔다. 그런데 어느 날 차를 타고 가며 라디오를 듣는데 농학박사란 분이 나오셨다. 이분이 작물과 잡초에 대한 정의를 설명해 주셨다.

식물 중에서 풀은 크게 작물과 잡초로 나누는데, 작물이란 성장 과정에서 인간의 손이 닿은 풀, 잡초란 성장 과정에서 인간의 손이 닿지 않은 풀이라고 하였다. 作物의 作자가 '짓는다' 또는 '경작한다'는 뜻이므로 한자의 뜻을 정확히 설명하신 셈이다. 잡목의 정의도 이에 준한다.

그런데 이렇게 이야기하면 뜻이 잘 와 닿지 않으므로 실례를 하나 들어 주셨다. 사람이 재배하는 인삼은 작물이고, 산에서 그냥 자란 산삼은 잡초라는 것이었다.

잡초가 쓸모없는 것이 아니었다. 잡초와 작물의 정의는 단순히 인간의 손이 닿았느냐의 기준일 뿐이었다. 결국 이 세상 풀들은 거의 대부분이 잡초고, 아주 극히 일부만이 작물인 셈이다. 나는 이 방송을 듣고 잡초에 대한 생각을 바꾸게 되었다.

21 / 진달래와 철쭉

진달래와 철쭉은 둘 다 진달래(목)-진달래(과)-진달래(속)에 속한다. 4월에 피는 대표적인 봄꽃인데 의외로 구분이 쉽지 않다.

철쭉은 꽃잎에 주름이 잡혀 있으며 [그림 1]처럼 엷은 자줏빛에 많은 검은 점이 뚜렷하게 박혀 있다. 반면에 진달래는 점들이 희미하다. 진달래꽃은 연분홍이나 자홍색인데 철쭉꽃보다 더 엷고 소박하다. 키는 진달래가 철쭉보다 더 크다.

둘의 아주 중요한 차이는 꽃과 잎이 나타나는 순서다. 진달래의 경우는 꽃이 먼저 피고 잎이 나오지만, 철쭉의 경우는 잎이 먼저 나오고 난 후 꽃이 핀다. 따라서 일반적으로 진달래가 꽃이 먼저 핀다. 반면에 철쭉은 진달래보다 늦게 피지만 꽃이 오래 간다. 진달래꽃은 흰색은 없는데 철쭉꽃은 흰색을 비롯하여 짙은 붉은 색까지 매우 다양하다. 꽃잎 아래에 꽃받침이 존재하면 철쭉이고 꽃받침이 존재하지 않는다면 진달래다.

철쭉은 아름다우면서도 꽃과 꽃대에 끈적끈적한 점액이 있는 점이

| 그림 1 | 왼쪽의 진달래꽃은 꽃잎에 검은 점들이 뚜렷하지 않으나 오른쪽의 철쭉꽃은 검은 점들이 뚜렷하다.

진달래와 다르다. 또 꽃 아래를 만져보았을 때 끈적임이 있다면 그 꽃은 철쭉이고 끈적임이 없다면 진달래다. 철쭉꽃 아래의 끈적임은 꽃받침의 선모다. 진달래의 경우는 잎에 끈적거림이 많이 없는 반면, 철쭉의 경우는 잎에 끈적거림이 많다. 그래서 철쭉 잎은 독성이 있어 동물들이 먹지 않는다.

이는 진화단계에서 진달래가 먼저 나타나고, 후에 키가 작아지고, 독을 더하고, 꽃은 짙고 화려한 색으로 진화하여 생존력을 높인 철쭉으로 진화한 것으로 보인다.

진달래꽃에는 독이 없어 술을 담아 먹지만 철쭉꽃에는 독이 있어 못 먹는다. 소박하고 독성이 없는 꽃을 가진 진달래는 약용으로 광범위하게 쓰이고, 독은 있으나 화려하고 꽃이 오래가는 철쭉은 관상용으로 광범위하게 쓰여, 서로 용도가 다를 뿐 둘 다 중요하고 이에 대한 우열은 없다.

22 / 가장 위험한 독버섯, 광대버섯

버섯은 인류의 가장 오래된 음식 중에 하나다. 그런데 서로 간에 모양이 비슷하여 전문가가 아니면 혼동할 수 있다. 한국에는 약 2,500 종의 버섯이 있는 것으로 알려져 있고, 그중에 160여 종이 치명적인 독을 가지고 있다고 한다. 치명적이지는 않으나 식용할 수 없는 것까지 합하면 훨씬 많다. 농촌진흥청 사이트인 농사로(www.nongsaro.go.kr)에는 독버섯 위험성을 소개하는 홍보가 있다. 광대버섯은 분류학상 주름버섯목

| 그림 1 | 광대버섯.[1] 지역에 따라 색과 모양이 다른데 대부분 갓에 하얀 점들이 잔뜩 붙어 있다.

---

1 Britannica

광대버섯과로 플라이 애거릭(Flyagaric)이라 불리는데 학명은 Amanita muscaria다. 갓이 빨간색이나 노란색이나 흰색이고 하얀 점들이 박혀 있는 독버섯의 일종이다. 갓의 지름은 4~12 cm, 높이 5~25 cm 정도인데 활엽수림 아래서 발생한다. 광대버섯에도 개나리광대버섯, 마귀광대버섯, 알광대버섯, 큰주머니광대버섯 등 여러 종류가 있는데 다 독버섯이다. 섭취 후 6~10시간 이내에 구토, 설사, 신체 마비, 복통, 의식불명 등을 불러온다. 전 세계 독버섯 사망자의 절반 이상이 광대버섯으로 인한 것으로, 특히 알광대버섯과 흰색 광대버섯은 섭취 후 48시간 이내에 사망한다고 한다.

광대버섯의 해독제는 계속 연구되고 있어 최근 섭취 후 4시간 안에 투약하면 효과가 있는 해독제가 개발되었다고 한다. 그럼에도 불구하고 광대버섯으로 사고는 줄지 않는데, 문제는 섭취 후 4시간은 아직 독성이 나타나기 전이라는 점이다.

광대버섯은 환각작용으로도 유명한데 미량을 섭취하게 되면 마치 술에 취한 듯 환각상태에 들어간다고 한다. 이때 몸이 붕 떠서 마치 하늘을 나는 것 같은 착각에 빠진다고 한다. 서양 동화에 나오는 빗자루를 타고 하늘을 나는 마녀의 이야기가 혹시 광대버섯 중독과 관련된 것이 아닌가 보기도 한다.

버섯의 색을 보고 독버섯을 골라내는 것은 전문가에게도 어려운 일이다. 화려하지 않아도 독버섯일 수 있다. 벌레 먹었다고 안전하지 않다. 특정 벌레는 특정 버섯의 독에 면역이 된 경우가 있기 때문이다.

버섯을 산에서 채취한 현장이나 길거리에서 구매하는 것은 대단히 위험하다. 독버섯의 위험을 피하려면 버섯은 반드시 판매가 허락된 상점에서 구매해야 한다.

23 / 뱀과 꿀벌이 보는 색

사람은 대략 빛의 파장이 400 nm(보라색, 자색) 부근에서 750 nm(빨간색, 적색) 부근까지를 본다. 따라서 이를 (인간의) 가시광선(visible light) 영역이라 한다. [그림 1]처럼 자색 바로 외곽을 자외선(ultraviolet)이라고 하고, 적색 바로 외곽을 적외선(infrared)이라고 하는데, 자외선과 적외선은 도구를 이용하면 가시광선으로 변환하여 볼 수 있어서 이 세 영역을 "광학영역"이라고 한다.

인간의 가시광선 파장 영역이 결정된 것은 태양에서 나와 지면에 도달하는 빛이 이 구간에 가장 많기 때문이다. 빛은 파장이 짧을수록 온도가 높아 많은 에너지가 나온다. 만일 태양이 온도가 훨씬 낮은 적색

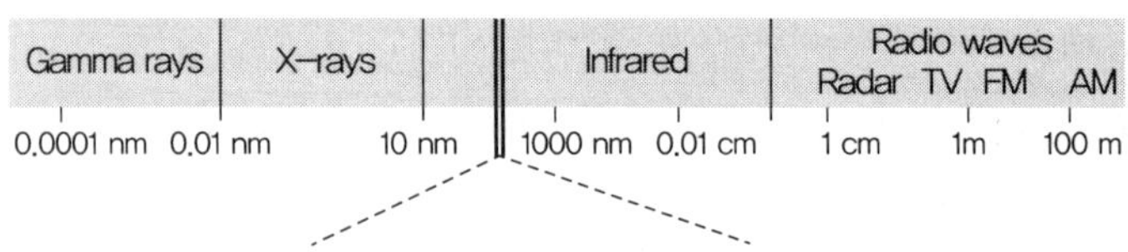

| 그림 1 | 전자기파 스펙트럼에서 가시광선의 위치. 빛 에너지는 진동수에 비례하고 파장에 반비례 하는데, 파장이 짧아 에너지가 높은 가시광선의 왼쪽 구간의 빛은 인체에 해롭다.

왜성이었다면 인간의 가시광선 영역이 적외선 쪽으로 이동했을 것이고, 반대로 태양이 훨씬 온도가 높은 별이었다면 가시광선 영역이 자외선 쪽으로 이동했을 것이다. 영화 프리데터(predator)에 나오는 외계인이 적외선을 인식하는데 이는 그가 사는 행성의 모항성이 적색왜성이라는 뜻이다.[1]

그런데 동물에 따라서는 적외선이나 자외선을 보는 경우가 있다. 뱀은 빨간색보다 파장이 긴 900 nm의 적외선을 본다. 온도를 가진 모든 물체는 그 온도에 해당하는 빛을 내놓는다. 인간을 비롯하여 동물의 체온 구간에서 나오는 빛이 적외선 영역이다. 따라서 앞을 보지 못하는 봉사 뱀이 주변의 적외선 변화를 감지하여 나무 위에서 뱀 뒤로 날아가는 새를 잡기도 한다. 뱀이 인식할 수 있는 적외선의 범위는 종류에 따라 다르지만 방울뱀의 경우 최대 5,000 nm까지 가능하다고 한다.

만일 900 nm의 빛을 내는 조명이 있다면 적외선이라 인간의 눈에는 안 보인다. 이 뱀은 보고 인간은 볼 수 없는 적외선은 무슨 색일까? 그것은 다음처럼 추정할 수 있다. 가시광선 영역인 무지갯빛 7색을 보면 빨강 옆에 그래도 다소 유사한 주황이 오지 전혀 무관한 색이 오지 않는다. 주황 다음에는 역시 유사한 노랑이 온다. 이를 적용하면 뱀이 보는 900 nm의 적외선은 아마도 빨간색과 유사한 색일 것이다.

이에 비하여 꿀벌은 파장이 아주 짧은 300 nm의 자외선을 본다. 꿀벌의 가시광선 영역은 파장이 300~600 nm 정도다. 따라서 꿀벌은 인간보다 100 nm 짧은 영역을 본다. 그러면 빨간 장미는 꿀벌의 눈에 어떤 색으로 보일까?

---

1 『과학의 쉬는 시간』(북스힐, 2017), p. 107, [영화평] 외계인 〈프리데터〉의 고향.

꿀벌의 눈은 빨간색을 인식할 수 없으므로 그 파장에서는 오로지 명암만 본다. 따라서 빨간 장미는 꿀벌에게 짙은 회색으로 보일 것이다. 그러면 또 우리 눈에는 안 보이지만 꿀벌이 보는 300 nm 자외선 파장의 빛은 꿀벌 눈에 어떤 색으로 보일까? 이것도 앞에서처럼 추정할 수 있다. 아마도 꿀벌은 보라색과 비슷한 색을 볼 것이다.

24 / 순수한 파란색 차가 드문 이유

자연계에 존재하는 색 중 어떤 색이 가장 적을까? 그것은 파란색, 그중에서도 순수한 파란색이다. 녹색이나 하늘색은 흔하지만 순수한 파란색을 찾아보기는 쉽지 않다. 왜일까?

그렇다면 자동차의 경우 어떤 색이 가장 적을까? 이 또한 파란색이 가장 적은데, 그 이유는 자동차 회사가 파란색 차는 잘 만들지 않기 때문이다. 전 세계 모든 보험회사의 통계를 보면, 공통적으로 사고 빈도가 가장 높은 차의 색상은 파란색이다. 그렇다 보니 파란색 차의 보험료가 다른 색상의 차보다 더 비싼 것이 일반적이다. 그 결과 자동차 회사들은 순수한 파란색 차는 만들지 않고, 여기에 검정이나 흰색, 또는 노란색 등 다른 색을 조금 섞은 차를 내놓는다. 도대체 파란색이 무슨 뜻을 가질까? 사전을 찾아보았다.

> Blue represents meanings of depth, trust, loyalty, sincerity, wisdom, confidence, stability, faith, heaven, and intelligence. The color blue has positive affects on the mind and the body. (파란색은 깊이, 신뢰, 충성심, 성실,

지혜, 자신감, 안정, 믿음, 천국, 지성 등의 의미도 담고 있습니다. 파란색은 심신에 긍정적인 영향을 미칩니다.)

좋은 이야기만 잔뜩 쓰여 있다. 그런데 왜 파란색이 자연계의 기피색이 되었을까? 그것은 눈에서 파란색을 인식하는 원추세포의 수가 빨간색이나 녹색을 인식하는 원추세포의 수의 1/10밖에 안 되기 때문이다. 따라서 눈이 파란색을 인식하려면 다른 색에 비하여 10배의 에너지가 필요하다. 왜 하필 파란색 파장을 인식하는 원추세포의 양이 적을까? 진화 단계에서 결정된 것일 텐데 그 이유는 나도 모른다.

그러면 반대로 사고가 가장 적게 발생하는 자동차 색은 무엇일까? 아마 대부분의 사람들이 짐작했겠듯이 바로 노란색이다. 유치원 차가 노란색이 많은 것이 이와 같은 이유로, 사고가 적게 발생하기 위해서는 우선 눈에 잘 띄어야 한다. 그런데 왜 하필 노란색일까? 도대체 노란색이 무슨 뜻을 가질까? 사전을 찾아보았다.

According to surveys in Europe, Canada, U.S., and elsewhere, yellow is the color people most often associate with amusement, gentleness, humor, happiness, and spontaneity; however it can also be associated with duplicity, envy, jealousy, greed, and, in the U.S., cowardice. (유럽, 캐나다, 미국 등의 설문 조사에 따르면, 노란색은 사람들이 즐거움, 온화함, 유머, 행복, 자발성을 가장 많이 연상하는 색이지만 이중성, 시기, 질투, 탐욕, 그리고 미국에서는 비겁함과도 연관되어 있다.)

자동차 기준으로 안전한 노란색이 오히려 위험한 파란색보다 부정적인 내용들이 들어 있다. 참 알 수 없는 일이다.

25 / 코로나바이러스의 출현과 진화

2019년 후반기에 감기 바이러스의 일종인 새로운 COVID-19라 명명된 바이러스가 출현하여 전 세계적으로 대유행하였고, 이후 2020~2022 사이의 3년 동안 천만 명 이상 사망한 것으로 추정된다.

약 1세기 전인 1918~1920년 사이에 유럽에 창궐하였던 스페인 독감 이래로 가장 큰 피해를 입힌 독감이다. 당시는 교통이 아직 발달 되지 않아 1차 대전에 참전한 유럽과 미국을 제외하고 다른 대륙에서는 피해가 상대적으로 적었는데, 이번의 코로나바이러스는 잘 발달한 항공 교통망을 타고 급속히 전 세계로 퍼졌다.

코로나바이러스의 공식 명칭은 SARS-CoV-2다. 최초 발현 지역을 두고 여러 가지 의견들이 있으나 현재는 중국이 가장 유력하다. 본래 박쥐에게 있었던 동물 바이러스가 인간 세상에 들어온 것이라고 한다. 이전에도 동물 바이러스가 인류에게 옮겨온 경우가 상당하다.

전 세계가 이를 극복하는데 3년이나 걸렸지만 사실은 아직도 진행 중이다. 우리나라는 이 코로나바이러스로 인하여 국가 전체가 위급에

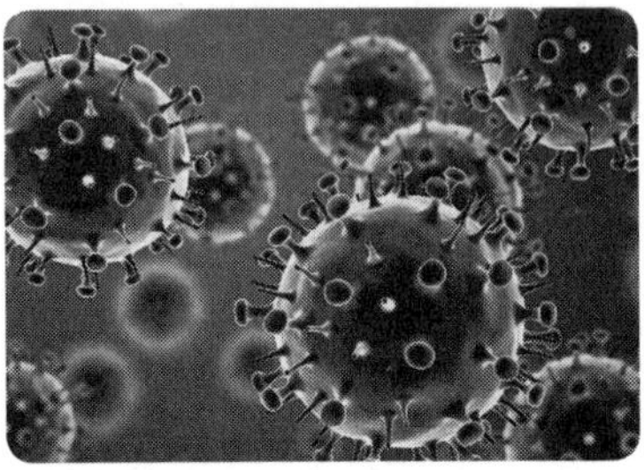

| 그림 1 | 코로나바이러스는 구형 몸체에 부착용 돌기가 많이 달린 모습이다.[1] 지름이 대략 100 nm인데, 물 분자 크기가 대략 0.3 nm이므로 그 300배 정도 크기다.

처하자 이를 관리하는 보건복지부 산하의 질병관리본부가 질병관리청으로 독립하였다.코로나바이러스를 제어하기 어려운 이유는 바이러스를 막으려고 백신을 개발하면 다른 변이가 생겨 빠져나가고, 그 변이를 막으려고 다른 백신을 개발하면 또 다른 변이를 만들어 빠져나가기 때문이다. 이 전쟁은 끝이 없이 반복되어 쉽게 끝날 것 같지 않다.

나도 백신을 빠지지 않고 다 맞았지만 2022년 3월 초에 이 바이러스에 걸려 1주일가량 고생했다. 집에서 격리했는데 열이 나고, 머리가 아프고 등등 독감과 비슷했다. 우리는 코로나바이러스로부터 많은 것을 배웠는데 그중의 하나가 눈에 보이는 것은 두렵지 않다는 것이다. 진짜 공포는 눈에 안 보이는 데서 온다.

코로나로 여러 가지가 바뀌었는데 무엇보다 마스크가 생활화되었다. 지금도 병원에 갈 때는 마스크를 착용한다. 마스크를 착용하는 것이 하나도 이상하지 않고, 원래 신발이나 마찬가지로 마스크를 착용했던 것이 아닌가 하는 생각까지 들자, 오늘날 인류를 호모 마스쿠스 또는 호

1 세계보건기구(WHO) 홈페이지

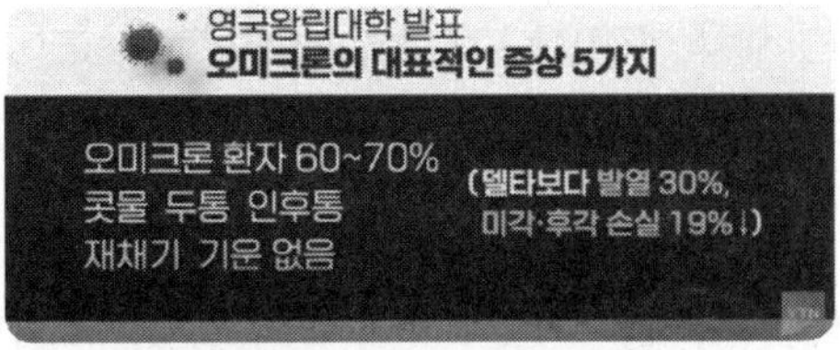

| 그림 2 | 오미크론 확진자의 증상

모 마스커스(Homo Maskus)라고 부른다는 이야기도 나왔다.

코로나바이러스가 진화를 거듭하고 있는데 이는 생존본능으로 모든 생명체의 공통 현상이다. 2022년에 우리나라 감염자의 80%를 차지하는 오미크론 변이는 이전의 델타 변이에 비해 70배의 확산 능력을 갖췄으나 중세를 비롯한 위험도는 1/5에 불과했다. 델타 변이는 폐에 존재하여 폐렴으로 발전하기도 했지만, 오미크론 변이는 기도에 존재하여 폐렴으로 진행되지 않는다. 코로나바이러스가 덜 치명적이지만 더 잘 퍼지는 쪽으로 진화하여 생존하는 것이다.

항체가 있어도 감염되는 것을 돌파 감염이라고 하는데, 면역이 잘 안 되는 것이 감기와 매우 유사하다. 오미크론바이러스는 항체를 뚫는 돌파 감염에 특화되었다는 것이다. 하지만 두 번째 이상 감염은 대부분 오미크론 변이에 의한 감염이라서 크게 위험하지 않다고 한다.

인간은 코로나바이러스를 없애지 못할 것이다. 하지만 만일 인간이 코로나바이러스의 증세를 없앨 수 있다면 바이러스를 없앤 것이나 마찬가지다. 코로나바이러스도 인간을 멸종시키지 못할 것이다. 바이러스는 자신의 생존이 목표지 숙주인 인간을 죽이는 것이 목표가 아니다. 결국 바이러스와 인간이 공생하는 형태로 귀결될 것이다.

우리는 바이러스에 대처하는 법을 모기에게 배울 필요가 있다. 모기는 뇌염 균을 가지고 있어도 뇌염에 걸리지 않는다. 처음에는 모기도 아마 뇌염에 걸렸을 것이다. 그런데 모기는 뇌염 균과 싸우는 대신에 모기 몸 안에 들어온 뇌염 균이 발현하지 않고 잠자게 하는 방향으로 진화했다. 병이 나타나는 것은 몸속에서 균이 물질대사를 진행하기 때문이다.

코로나바이러스가 우리 몸에 들어왔을 때 이 바이러스와 싸워 이기려고 하는 것보다, 모기가 뇌염 균에게 했던 것처럼, 잘 재워 활동하지 않게 하는 것이 나은 방법이 될 것이다. 우리 몸 안에 들어왔으나 아무런 반응도 안 한다면 그것은 없는 것이나 마찬가지이기 때문이다. (2022.11.20)

26 / 신경세포 고속도로와 3가지 수명

인간의 의식을 지배하는 뇌세포는 뉴런이라고 부르는 [그림 1]의 신경 아교 세포(Glia)와 그 세포들을 연결하는 시냅스라 부르는 연결체들로 구성되어 있다. 뉴런에 데이터를 저장하고 시냅스를 통하여 데이터를 가져다 판단의 자료로 사용하는 것이다. 뇌세포 숫자가 약 250억 개다. 인간은 이것을 가지고 연산을 하므로 컴퓨터에서 램(RAM) 25 GB인

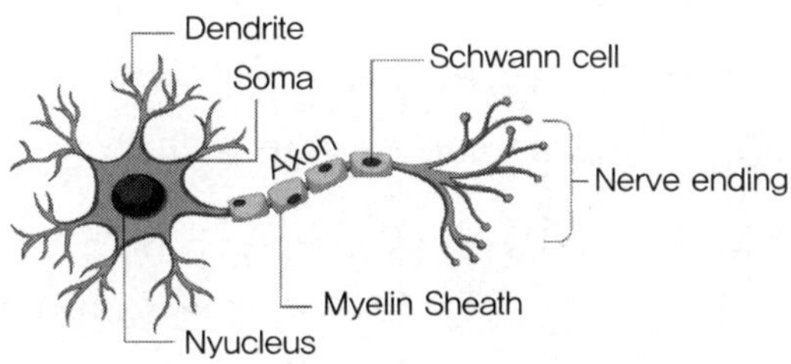

| 그림 1 | 뉴런의 기본 구조. 왼쪽 뉴런의 지름이 4~100 mm인데 실제 크기의 비율은 그림과 다르다.[1] 오른쪽의 줄기 부분이 다른 뉴런과의 연결기관인 시냅스다.

---

1 https://www.shutterstock.com/search/neuron-diagram

것과 유사하다.

도시에 도로망을 건설하여 필요한 물류를 이동시킨다. 그런데 물류 이동이 적다면 두 가지 중의 하나다. 하나는 쌓아둔 물류 자체의 양이 적거나, 아니면 쌓아둔 물류는 많은데 이를 운반할 도로가 부족한 것이다. 도로망을 구축했는데 시간이 지나가 보면 어떤 도로는 교통량이 늘어나 보수를 자주 하고 나아가 길을 넓히기도 한다. 반면에 어떤 도로는 교통량이 줄어들어 보수도 잘 안되고 좁아져 동네 길이 되기도 하고 나아가 폐쇄되기도 한다.

인간의 뇌세포를 연결하는 시냅스도 이와 유사하여, 뇌가 최대 효율을 지향하다 보니 많이 쓰는 길은 점점 굵어지지만 안 쓰는 길은 점점 좁아지고 심지어 끊기기도 한다. 뇌가 자극받게 되면 시냅스를 통하여 물질이 이동하고 전류가 흐르는 데 쓰면 쓸수록 굵어지고 튼튼해져 기억이 오래간다. 반면에 안 쓰면 가늘어지고 때로는 연결이 끊겨 뉴런에 저장한 기억을 사용할 수 없게 된다.

기억력이 판단력의 기초가 되는데, 데이터베이스로부터 충분한 정보를 받지 못하면 판단력이 흐려지고, 극단적인 경우 사회생활이 어려워지는 치매로 나타난다. 기억력 감퇴에 의한 뇌의 능력 저하가 외부에 표시가 날 정도로 나타나는 것은 대개 60세 이후다. 그래서 옛날부터 환갑을 인생의 고비로 생각했다. 60대 이후는 집단에서 지도적인 위치에 있는 나이로서, 육체가 노화하는 것은 주로 자신의 문제이니 덜 위험하지만, 뇌가 노화하는 것은 집단의 다른 사람들에게도 영향을 미치니 집단 전체로 보면 더 위험하다.

20대 중반을 지나면 신체적으로 노화가 진행되는데 뇌도 마찬가지다. 이는 모든 유한한 생명을 가진 생명체에 나타나는 자연스러운 현상이다. 그런데 뇌의 노화 정도가 다른 신체 부위의 노화와 비례하지 않는다. 이 언밸런스가 심해져 육체는 아직 정상인데 뇌가 육체보다 훨씬 심하게 노화한 경우가 치매라고 할 수 있다. 80세 이상 인구의 약 30%가 치매라고 하는데, 우리나라 사람의 평균 수명이 80대이므로, 사망 무렵 30%는 치매 상태라는 뜻이다.

뇌가 노화하면 그 증세가 가장 먼저 나타나는 것이 말이고, 다음이 글이다. 뇌가 노화하면 어떤 사항을 종합하고 요약하는 능력이 감퇴하여 말이 길어진다. 책이나 논문을 써도 장황하고 늘어진다. 사용하는 용어가 제한적이고 같은 말을 계속 반복한다. 또 새로운 것을 받아들이려 하지 않고 고집이 세진다. 교장 선생님 훈화가 길어지는 것, 목사님 설교가 길어지는 것, 사장님 격려사가 길어지는 것, 부모의 자식에 대한 훈계가 길어지는 것 등등 다 위험 징조다. 따라서 연설은 무조건 짧을수록 좋다. 그것이 뇌가 건강하다는 증거다.

새로운 장소를 자주 찾아가서 돌아다녀야지 항상 같은 장소에만 있으면(예: 집과 직장) 노화가 빨라진다. 뇌의 노화를 늦추려면 직접 경험이든 독서 같은 간접 경험이든 새로운 것들을 계속 만나야 하며 호기심이 필요하다. 먼 곳을 자주 여행하면 생각이 넓어져 고집스러워지지 않고 타인의 잘못에 대하여 관대해진다.

치매 환자는 남자보다 여자가 많은데 〈자연수명〉이 여자가 길기 때문이다. 하지만 오늘날 〈자연수명〉은 큰 의미가 없다. 집에서 남의 도움 없이 스스로 의식주를 해결할 정도까지는 〈건강수명〉이라고 볼 수 있다. 〈자연수명〉이 길어질수록 〈건강수명〉도 비례하여 길어지지 않는 한 노인문제는 젊은 세대에게 큰 짐을 지우는 사회적 문제로 대두할 것이다.

평생을 노인 간병에 바쳤던 어떤 간호사가 “인간 존엄성은 혼자서 화장실에 갈 수 있을 때까지”라고 하였는데 이는 〈건강수명〉이 인간의 존엄성 수명이라는 뜻이다.

하지만 내가 생각하는 수명은 〈건강수명〉이 아니다. 인간은 유전적인 본능에만 의존하여 사는 동물이 아니다. 집 밖에 나가 친구도 만나고, 외식도 하고, 영화도 볼 수 있는 것이 〈문화수명〉이다. 〈문화수명〉이야말로 21세기의 진정한 수명이다.

*만 60세 이상은 보건소에서 무료로 치매검사를 받을 수 있다.

작성일: ________ **K-MMSE** 등록번호: ________ 환자성명: ________

(Korea) Mini- Mental State Exam

항목			점수
지남력	시간 지남력 (5점)	년	0 1
		월	0 1
		일	0 1
		요일	0 1
		계절	0 1
	장소 지남력 (5점)	나라	0 1
		시(도)	0 1
		무엇하는 곳	0 1
		현재 장소 명	0 1
		몇 층	0 1
기억등록 (3점)		비행기	0 1
		연필	0 1
		소나무	0 1
주의집중 및 계산 (5점)		100 -7	0 1
		-7	0 1
		-7	0 1
		-7	0 1
		-7	0 1

항목			점수
기억회상 (3점)	비행기		0 1
	연필		0 1
	소나무		0 1
언어 및 시공간 구성 (9점)	이름대기	연필	0 1
		열쇠	0 1
	명령시행	종이를 뒤집고	0 1
		반으로 접은다음	0 1
		저에게 주세요	0 1
	따라말하기	“백문이 불여일견”	0 1
	오각형 그리기		0 1
	읽기	“눈을 감으세요”	0 1
	쓰기		0 1
총 점 (주치의:)			/30

|그림 2| 치매검사지의 예

3부

인류의 발전

제주도 서부의 해상풍력단지(2022.02 촬영). 지구의 환경보존은 식량과 에너지 문제 해결에 달렸다.

01 / 아메리카대륙 최초의 인류

인류학의 통설은 약 13,000~12,000년 전 빙하기에 아시아의 시베리아인들이 얼어붙은 베링육교를 통해 아메리카대륙의 알래스카에 들어감으로써 인류의 아메리카대륙 문명이 시작되었다고 알고 있다.

물론 그전에도 아메리카대륙에는 남태평양을 건너온 소수의 인류가 있었으나 아시아에서 온 시베리아인들에게 정복되어 흡수되었다고 믿고 있다. 남태평양을 건너온 시기는 아무리 오래 되어도 5만 년을 안 넘는 것으로 추정되고 있었다. 그 이유는 약 20만 년 전에 아프리카를 떠나온 호모사피엔스가 호주 대륙에 도착한 것이 약 5만 년 전이기 때문이다.

아프리카인들이 서쪽으로 대서양을 통해 아메리카대륙으로 왔을 가능성은 거의 없고, 동쪽으로 동남아시아를 거쳐, 남태평양의 섬들을 징검다리 삼아 건너 아메리카대륙에 왔다고 보기 때문에, 호주에 들어간 다음 한참 후에 아메리카대륙에 들어갔다고 보는 것이다.

그런데 최근 북미에서 13만 년 된 마스토돈(mastodon)이라는 원시 코

The researchers found these unbroken mastodon ribs and vertebrae, including one vertebra that had a large neural spine, also called a spinous process, at the site in San Diego, California.

| 그림 1 | 캘리포니아에서 13만 년 전 마스토돈의 뼈에 가공한 흔적이 발견되었다.[1]

끼리 화석이 발견되었는데, 갈비뼈들이 일렬로 나란히 정돈되어 있었고, 뼈에 도구로 가공한 흔적이 있었다.

마스토돈

신생대 제3기 마이오세에서 플라이스토세에 걸쳐 번성했던(장비목: 코가 긴 포유류 종류) 동물로 코끼리나 매머드보다 신장이 작고, 몸이 작달막했으며, 위아래 양턱에 상아 모양의 엄니가 발달하였다. 아프리카와 남북아메리카에서는 빙하기 직후 멸종했다. 장비목은 현재 코끼리를 제외하고는 모두 멸종하여 없다.

이 13만 년 전 북아메리카에서의 인류의 흔적은 전문 학술지에 발표되었는데 인류 역사를 다시 써야 할 정도로 큰 발견이다. 이 내용이 실린 학술지는 네이처로 가장 보수적인 학술지다. 통상 인류 문명은 마지막 빙하기가 끝난 후인 11,500년 전 후에 농경과 함께 시작되었다고 믿어지고 있다. 그러나 이 통설 역시 재검토해 볼 필요가 있다.

---

1 https://www.nature.com/nature/journal/v544/n7651/full/nature22065.html

02 / 빙하기 직전의 문명 수준

마지막 빙하기는 12,900년 전 무렵부터 11,600년 전 무렵까지 대략 1,400년 동안 계속되었는데 지구 평균 기온이 지금보다 무려 20도 낮았다. 전 지구가 다 빙하로 덮인 것은 아니고 적도를 중심으로 북회귀선과 남회귀선 사이는 그래도 살만하였다. 따라서 빙하기 문명을 찾으려면 적도의 열대우림지역 등 따뜻한 곳으로 가야 한다. 또는 사람들이 주로 해안에 몰려 살기 때문에 빙하가 녹으며 수몰한 해안지대 옅은 바다 속으로 가야 한다.

빙하기가 갑자기 도래하였다가 갑자기 사라졌는데 그 이유는 현재까지의 연구에 의하면 여러 번의 운석 충돌이었다. 대표적인 것이 12,900년 전에 그린란드에 떨어진 운석인데 위력이 히로시마 원폭의 4,700만 배였다고 한다. 더욱이 당시 그린란드에 하나만 떨어진 것이 아니었다.

이 운석 충돌로 북반구에 대규모 화재가 발생하여 수백 년 동안 탔다. 이 재들이 지구의 자전으로 발생하는 편서풍을 타고 동쪽으로 이동하여 유럽과 북미와 북아프리카와 아시아 서부까지를 덮었다. 마치 천 년 전 백두산 화산폭발로 발생한 재들이 동쪽으로 날아가 오늘날 일본 지층에서 발견되는 것과 유사하다. 이 재의 흔적을 YDB(Younger Dryas Boundary)라 한다. 드라이아스는 북극 주변에 피는 흰 꽃의 이름이다.

운석 충돌로 발생한 재들이 태양을 가려 지구 온도가 급랭한 것이 빙하기의 원인이다. 이 기간에 춥고 어두운 겨울이 계속되었고, 갑자기 닥친 기온변화에 적응하지 못한 많은 동물이 멸종했다. 이 과정에서 인간의 문명도 타격을 받아 신석기 시대로 되돌아갔다고 본다.

여기서 우리의 질문이 시작된다. 그러면 신석기 시대로 되돌아가기 전인 빙하기 직전의 인류는 최대 어느 수준의 문명을 이루었을까? 이에 대한 가장 오랜 연구는 1970년대에 "우리가 처음은 아니다."라는 책을 쓴 앤드루 토머스(Andrew Tomas, 23 June 1906-2001)라는 사람이다.

– [저서] We are not the first: riddles of ancient science (1971).

빙하기 이후에도 문명은 발전과 멸망을 되풀이하며 발전했다고 한다. 인류가 문명을 시작했다는 청동기시대를 검색해 보니 대략 BC 3,500년~BC 500년의 3천 년 동안이라고 한다. 그러면 그 이전에 사라진 인류 문명은 어느 정도였을까?

❶ **지리학:** 남극이 얼어붙기 전에 만들어진 지도가 튀르키예에서 발견되었는데 이것이 베껴진 것은 16세기 초다. 지도를 작성한 지리학 수준이 19세기 정도였다고 한다.

이 지도는 매우 유명한데 빙하기 이전인 남극이 완전히 얼어붙기 전

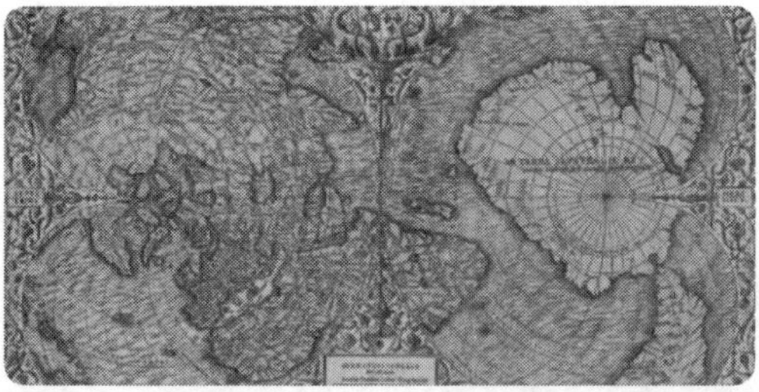

| 그림 1 | Piri Reis map: 1513년에 복사된 남극대륙 지도.

지도로 남아메리카대륙의 남쪽 부분도 나온다. 제작 방법으로는 열기구를 타고 비행하며 위에서 보고 모사했다는 학설이 유력하다.

❷ **미술:** 스페인의 북부에 있는 알타미라 동굴 벽화는 18,500년~14,000년 전의 후기 구석기시대에 그려진 것으로 보고 있다. 그림 수준이 전문 미술교육을 받은 사람이 아니면 그리기 어려운 것이라고 한다.

＊동굴의 그림을 관람하고 나온 스페인의 화가 피카소의 평: "미술은 2만 년 동안 하나도 발전한 것이 없다."

| 그림 2 | 스페인 북부의 알타미라 동굴 벽화[1]

1 알타미라 동굴 관광안내 홈페이지

❸**건축:** 이집트 3대 피라미드는 20세기에도 쌓기 어려운 수준이라고 한다.

❹**치의학:** 3~4천 년 전 이집트 미라에서 발견되는 의치 수준이 20세기 수준이었다고 한다.

❺**기계공학:** 고대 이집트에 있었던 성수 자동판매기가 20세기 수준이었다고 한다.[2]

---

2 이집트 신전 벽화에 헬리콥터 모양이 발견된 일이 있는데 후대에 먼저 적힌 글자를 위에 칠을 하여 역사 지우기를 한 것이 우연히 그렇게 보이는 것이다. 발칸반도의 보스니아와 남극대륙에서 피라미드가 발견되었다는 주장이 있으나 모두 자연물로 결론이 났다. 오키나와 해저의 요나누니 암석지형도 돌이 반듯하게 잘려 있지만 토기류를 비롯하여 인간 거주의 흔적은 전혀 없다.

03 / 빙하기 문명, 괴베클리 테페

우리는 흔히 인류의 문명이란 마지막 빙하기가 끝나고 기후가 온화해진 11,500년 전 이후 홀로세에 시작되었다고 생각한다. 즉 빙하기와 그 이전에는 문명이 없었다는 것이다. 인간의 가축 중에 무려 5만 년 전에 기축이 된 개를 제외하고는 모두 마지막 빙하기 이후 농경을 하며 길들인 것들이다. 문명의 단계로는 농경이 시작된 청동기시대 이후에 문명이 시작되었다고 믿는다.

마지막 빙하기가 12,900년 전에 시작하여 11,600년 전에 끝났는데 그 빙하기가 끝날 무렵에 현재의 튀르키예 지역에 문명이 들어서기 시작하였다. 이것이 현존하는 인류의 가장 오래된 문명 흔적인 괴베클리 테페(Göbekli Tepe) 유적이다.

11,600년 전에 마지막 빙하기가 끝나고 튀르키예 지역에 문명이 시작되었다. 이 시기는 플라톤의 책에 나오는 아틀란티스가 멸망할 무렵이다. 하지만 아틀란티스 문명은 아직 발견되지 않았기 때문에 이것이 가장 오래된 문명의 흔적이다.

| 그림 1 | 튀르키예의 괴베클리 테페 석조 유적[1]

청동기의 시작은 5,500년 전인데 이 무렵 세계 4대 문명이 시작 되었다. 괴베클리 테페는 이보다 무려 5천 년이 앞선 BC 9,500~BC 8,000년 사이의 문명이라고 한다. 괴베클리 테페의 시작이 11,600년 전이면 빙하기가 막 끝날 무렵이다.

[그림 2]를 보면 13만 년 전에 잠깐이지만 지구가 지금처럼 따뜻했

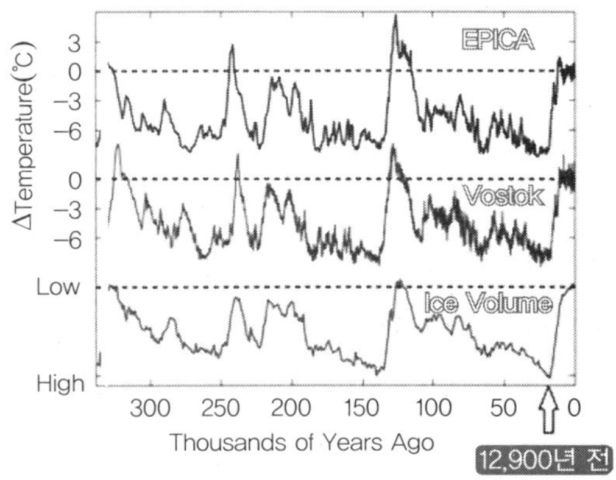

| 그림 2 | 최근 30만 년 동안의 지구 온도.[2]

---

1 괴베클리 테페 박물관 홈페이지

2 Wikipedia

었다. 이후 점차 평균 온도가 내려가는데, 12,900년에 마지막 빙하기가 시작되었다. 그리고 1,500년 후에 갑자기 온도가 20도 급상승하고 빙하기가 끝났다. 빙하기 이후를 홀로세 혹은 인류세라고 하는데 45만 년 동안 이렇게 만 년 이상 장기간 지구가 따뜻한 적이 없었다.

아프리카 동쪽 대서양에 떨어진 운석이 거대한 해일을 일으켜 사하라 초원(당시에는 사막이 아니라 초원이었음) 서부가 바닷물에 잠겼는데 이때 멸망한 것이 아틀란티스로 추정된다고 한다. 서부 사하라 모래는 지금도 짠 모래다.

이후 약 2천 년이 지난 8,200년 전에 소빙하기가 와서 지구 문명이 다시 한 번 크게 타격을 받는데, 이때 그림 형태의 원시 문자가 발생하였다고 한다. 자신들이 겪은 대재앙의 기억을 그림으로 그려 후손들에게 전하는 것이 문자의 탄생이었다고 한다.

이 소빙하기로부터 약 2천 년이 지난 6,500년 전에 지중해 물이 넘쳐 내륙 호수였던 흑해가 육지 둑이 무너지며 지중해로 연결되는데 이때 나온 전설을 노아의 홍수로 보고 있다.[3]

---

3 튀르키예 정부가 노아의 홍수를 기념하여 오래전에 만든 노아의 방주 모형이 튀르키예의 산 위에 있다고 한다.

04 / 아틀란티스의 후보, 모리타니의 사하라의 눈

과거에는 11,600년 전 마지막 빙하기 이후에 문명이 시작되었다고 생각되었으나 최근의 튀르키예서 발굴된 유적들은 빙하기 이전에 이미 인류 문명이 태동하고 있었음을 보여준다. 단지 문명을 쌓으려면 지식을 축적하여 후손에게 물려주기 위한 문자가 필수적인데, 문자는 지금으로부터 약 8,200년 전 소빙하기에 그림을 통한 신호전달로부터 진화했다고 한다.

빙하기의 아프리카에는 북부에 차드호와 중부에 콩고호라는 대륙의 20% 정도를 차지했던 거대한 호수 2개가 남북으로 있었다. 빙하기에는 지금보다 평균 기온이 10~20도가량 낮아 매우 추웠다. 하지만 살기 좋은 지역도 있어 동남아시아 열대지역은 당시에 쾌적한 날씨였다고 본다. 당시 오늘날의 세계 최대의 섬나라인 인도네시아가 인도차이나 반도와 육지로 연결된 순다랜드(Sunda land)라고 불리는 아대륙(sub-continent)이었다.

현재 가장 유력하게 아틀란티스로 추정되는 곳은 서부 사하라 모리

|그림 1| 서부 사하라인 모리타니에 있는 사하라의 눈 위치

타니에 있는 [그림 2]의 사하라의 눈이라 불리는 지역이다. 이런 동심원 모양의 형태가 처음 발견되었을 때 자연적으로 만들어진 것으로 보고 화산폭발설이나 운석충돌설이 유력했는데 지질학적 조사 결과 이런 것들과는 무관했다고 한다.

[그림 2]의 사하라의 눈은 플라톤이 묘사한 [그림 3]의 아틀란티스와 지리적 형상이 유사하다. 최근에는 서부 사하라가 한 때 바닷물에 잠겼던 이유가 빙하기가 끝날 무렵인 11,600년 전에 대서양에 거대한

|그림 2| 아틀란티스의 후보지로 여겨지는 모리타니에 있는 사하라의 눈.[1] 지름이 약 24 km인데 플라톤이 남긴 기록의 아틀란티스 크기와 비슷하다고 한다.

---

1 Youtube

| 그림 3 | 플라톤의 기록을 바탕으로 그린 아틀란티스 상상도[2]

운석이 떨어져 발생한 해일 때문이었다고 하는 주장이 나왔다. 모리타니의 사막은 짠 모래인데 이는 한때 바닷속이었다는 뜻이다. 2,500년 전에 살았던 플라톤이 9천 년에 아틀란티스가 멸망했다고 했으므로 연대도 비슷하다.

[그림 3]에서 수로가 대서양까지 연결되어 배가 드나들었다고 보고 있다. 사하라의 눈에 대한 고고학적 발굴이 아직 이루어지지 않았지만 플라톤의 묘사와 매우 일치하는데 이것은 우연으로 보기 어려운 정도다. 이 지역에서 석기가 출토되었다고는 하나 플라톤이 말한 문명 수준과는 상당한 거리가 있다. 앞으로 고고학 성과에 기대해 본다.

빙하기에 유럽은 몹시 추워 사람이 살기에 적합하지 않았다. 빙하기가 끝나 기후가 온화해지고 난방 기술이 발전됨에 따라 중동지방과 흑해 부근에 살던 농경민들이 점차 유럽으로 이동하게 되는데 이들이 인도-유럽어족이다. 유럽의 국가 건국도 '그리스 → 로마 → 중부유럽 → 북부유럽' 순으로 남에서 북으로 사람들의 이동을 따라 이루어졌다.

---

2 나무위키

이들이 유럽에 들어가 이전에 살던 크로마뇽인 후손들을 모두 흡수했는데 딱 한 곳만 흡수하지 못하고 지금까지 남아 있다. 그곳이 스페인 북부로 바스크족이 산다. 바스크 언어는 인도-유럽어족이 아니라 유럽 원주민인 크로마뇽인 언어다. 그 외에 유럽에서 인도-유럽어를 사용하지 않고 시베리아-몽골어 계통의 아시아어를 사용하는 곳이 세 군데 더 있는데, 핀란드, 에스토니아, 헝가리다. 이들은 모두 철기시대 이후에 아시아에서 이주한 사람들이 유럽에 살면서 유럽인과 혼혈이 이루어져 만든 나라들이다.[3]

---

3 『과학의 쉬는 시간』(북스힐, 2007), p. 221, 인도-유럽어군의 성립.

05 / 지구의 세차운동과 사하라 초원

나는 지금까지 지구의 축이 약 26,000년(정확히는 25,756년) 주기로 큰 원을 그리는 세차운동에 의하여 아프리카의 사하라 사막과 남미의 아마존 정글이 26,000년을 주기로 사막(황무지 포함)과 초원(정글 포함)을 왔다 갔다가 하는 것으로 알고 있었다. 이렇게 주기적으로 기후가 바뀐 것이 인간의 이주를 촉진하는 촉진제가 되었다.

13,000년~12,000년 전 빙하기에 베링해협이 얼어서 시베리아와 알래스카가 연결되었고, 이때 시베리아인과 사슴 및 시베리아 늑대들을 비롯한 여러 동물이 북아메리카대륙으로 이주하였다. 특히 시베리아인이 자신들의 주식이었던 순록을 따라 북아메리카대륙으로 이주했다는 학설이 유력하다.

시베리아와 알래스카를 연결했던 베링육교를 건넌 시베리아인은 약 천 년 정도 걸려 남미대륙 남단까지 확산하였는데, 이때 아마존이 현재 같은 정글이 아니라 평원이나 황무지였다는 것이다. 실제로 아마존 정글에서 만 년 전 정도부터 인류의 거주흔적들이 발견된다. 사하라와 아

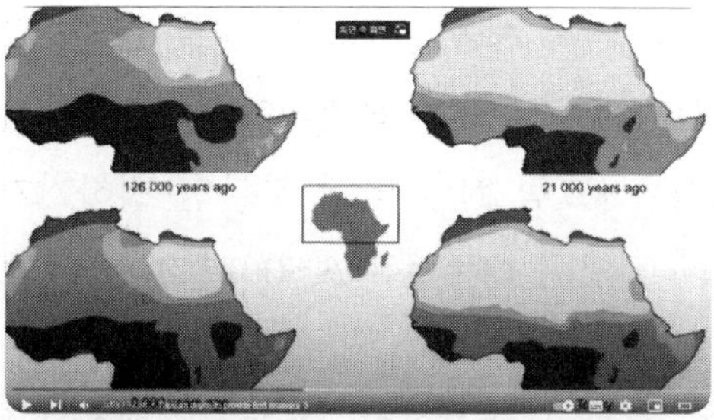

| 그림 1 | 사하라 초원의 시간에 따른 변화[1]

마존의 시간에 따른 식생 변화는 간단하지 않은 문제로 앞으로 연구되어야 할 주제다.

그런데 내가 자주 보는 안톤 페트로브의 유튜브를 보니 사하라가 26,000년이 아니라 [그림 1]처럼 21,000년 주기로 초원과 사막이 바뀐다는 것이다. 왜 5백 년도 아니고 5천 년이나 차이가 날까? 이는 기후 변화에 지구의 세차운동 외에도 다른 요소가 크게 작용한다는 뜻이다.

가장 최근의 사하라 대초원은 언제였을까? [그림 2]에서 보는 것처럼 빙하기가 시작되기 직전인 13,000년 전에 먼지의 양이 가장 많았다

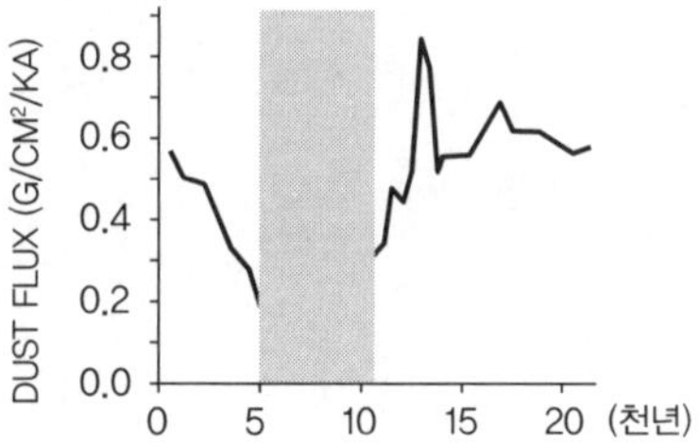

| 그림 2 | 사하라 사막의 먼지의 양이 적은 막대 부분 6천 년 동안 이 사하라 대초원의 시기다.

1 Study Explains Why Sahara Desert Turns Green Every 21,000 Years - YouTube

가, 빙하기가 시작되면서 계속 줄어드는 것을 알 수 있다. 이후 이집트 문명이 태동할 시기에 사막화가 진행되어 다시 많아진다. 따라서 사하라 대초원의 시기는 [그림 2]의 막대 부분인 빙하기가 끝나는 11,500년 전부터 이집트 문명이 태동하는 5,500년 전까지 약 6천 년 동안 이라고 할 수 있다.

이집트 문명은 사하라 대초원의 시기에 오랫동안 준비되었다가 나타난 것으로서 기자지역의 3대 피라미드는 사하라 대초원이 사막으로 바뀔 무렵인 약 5천 년 전에 건설되었다. 즉 당시에는 피라미드를 사막에 건설한 것이 아니라 초원과 호수 위에 건설했다고 하다.

06 / 이집트 피라미드 건설에 대한 엘리베이터 학설

최근 이집트 거대 피라미드 건설은 지금도 어려운 공사로 항상 세계 7대 불가사의의 맨 앞을 차지한다. 이 피라미드 축조 방법에 대한 무수한 학설들이 나와 심지어 "이집트학"이라는 학문 분야마저 생겼다.

최근에 이집트 피라미드 축조에 대한 러시아 학자의 새로운 설명이 나왔다. 돌을 산에서 채굴하여 나일강의 수운을 통해 가져온 것이 아니고 재료만 산에서 가져다 현장에서 벽돌로 찍어냈다는 것이다. 그래서

| 그림 1 | 이집트 3대 피라미드가 위치한 기자(Gyza) 지역. 나일강에서 나일 삼각주로 들어가는 경계에 있다.

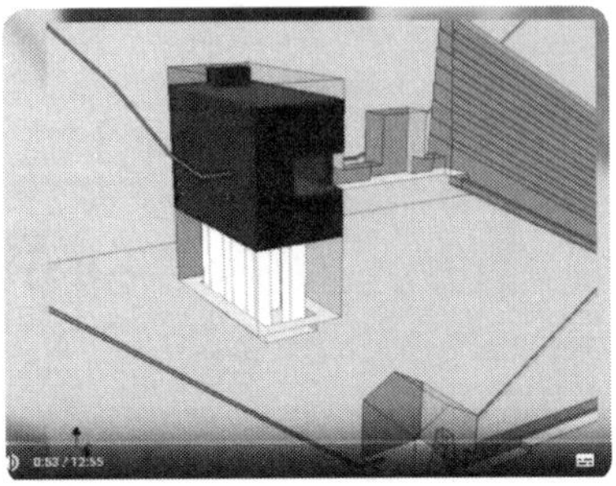

| 그림 2 | 피라미드 건설에 사용되었고 추측되는 엘리베이터의 추정도[1]

균일하다는 것이다. 그리고 수만 명의 노예들이 이 벽돌들을 끌고 올린 것이 아니라 물의 부력을 이용한 [그림 2] 같은 엘리베이터로 벽돌들을 아래에서 위로 어렵지 않게 올렸다는 주장이다. 중앙의 피라미드 돌들에 나 있는 작은 구멍들은 엘리베이터용 지지대였다고 한다. 내부의 하얀 돌가루는 돌을 올리면서 마찰로 발생한 것이라고 한다.

당시 피라미드 아래는 호수여서 호수 속에 건설되었다고 한다. 5천 년 전까지만 해도 사하라는 초원이거나 물과 나무가 풍부한 숲이었다. 이 피라미드는 초원 시기가 끝날 무렵에 건설되었다.

피라미드 건설에 대한 전설은 돌에 종이를 붙이고 탁 치면 스스로 날아가 쌓였다는 것이다. 돌마다 어디에 들어갈 것인지를 적은 종이를 붙인 후 엘리베이터로 올리니 멀리서 보면 돌이 스스로 날아서 올라가는 것처럼 보였을 것이다. 솔직히 믿기 어렵지만 이 전설에 대한 이보다 과학적인 설명은 아직 듣지 못했다.(2019.08.27)

---

1 https://www.youtube.com/watch?v=fYBYGV0OKMU

07 / 소돔과 고모라의 멸망 원인

고대의 역사서를 보면 마치 핵전쟁을 연상시키는 듯한 거대한 재앙과 전쟁의 기록들이 종종 보이는데 그중의 하나가 성경에 나오는 소돔과 고모라의 멸망이다. 하늘에서 내려오는 불꽃을 보며 하늘의 신(하나님)이 노했다고 판단하는데 고대인으로서는 그렇게밖에 해석할 수 없었을 것이다. 현대 과학에서는 이런 재앙들을 대부분 운석 충돌로 본다. 상당한 크기의 소행성이나 혜성이 떨어진 것이다.

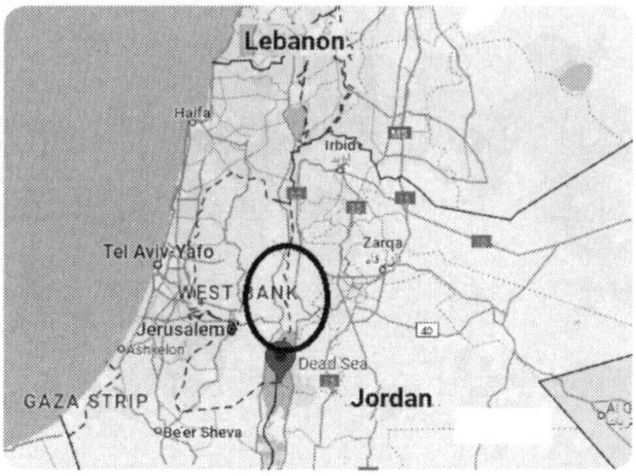

| 그림 1 | 청동기시대에 사해 북쪽의 동그라미 친 부분에 운석이 공중에서 폭발하여 고열에 의한 큰 피해가 발생하였다.

최근의 연구에 의하면 [그림 1]처럼 중동지방의 사해(Dead Sea) 북쪽 west bank와 요르단 서부 경계 지역에 BC 1,650년경에 대형 운석이 떨어진 증거가 발견되었다고 한다. 여기서 운석이 떨어졌다는 것은 공중에서 폭발(meteo air burst)했다는 뜻이다. 꼭 운석이 지면에 닿지 않아도 대기권 안으로 들어오면 모두 떨어졌다고 한다.

2천도 이상의 고열에 의하여 암석이 대규모로 녹았는데 당시 기술로 2천도 이상을 인공적으로 만들기 어렵다고 한다. 따라서 당시 1908년 시베리아 퉁구스카 운석 폭발과 유사한 운석 폭발이 발생했다고 본다. 지진이나 화산도 생각할 수 있는데 주변에 화산이 존재하지 않는다. 또 지진이나 화산은 이미 사람들이 잘 알고 있는 자연현상으로 성경의 기술과 다르다.

당시 사해 북쪽 지역은 암석이 녹을 정도로 극도의 고열에 의하여 도시가 불타버렸다. 아마도 살아남은 사람이 별로 없었을 것이다. 이 정도 운석이 떨어지게 되면 상당한 재앙이 발생하는데 이것이 소돔과 고모라의 전설을 만들었을 것이라고 한다. 지금부터 3,600년 전이면 서양사에서는 중기 청동기시대(middle Bronze Age)에 들어간다. 문자를 이용하여 역사를 충분히 기록할 만한 시대다.

만일 이런 운석 폭발이 인구가 밀집한 대도시 상공에서 벌어진다면 그 피해는 상상 이상일 것이다. 1908년에 시베리아에서 폭발한 운석이 만일 인구가 많은 서유럽 상공에서 폭발하였다면 수백만 명이 죽는 대참사가 벌어졌을지도 모른다. 운석 충돌은 지진, 화산 폭발과 함께 지금까지 제어가 거의 불가능한 자연재해다.

08

동아시아 4대 문명

우리는 흔히 세계 4대 문명의 발생지라고 하여 농경문화 4개를 든다. 하지만 이는 농경만의 편견으로 문명을 유목문명과 농경문명으로 나눈 후에 농경문명 중에서 4개를 선택하면 이와 같다고 해야 한다.

유목문명, 즉 초원문명은 농경문명에 비해 뒤지지 않았다. BC 3세기에 아시아에서 유목문명과 농경문명이 만났을 때 농경문명은 인구수가 압도적으로 많았음에도 불구하고 유목문명을 두려워했는데 그 증거

| 그림 1 | 동아시아 4대 문명. 북쪽으로부터 초원문명, 요하문명, 황하문명, 장강문명이다.

가 만리장성이다.

동아시아 문명은 황하문명 하나로만 설명되지 않고 [그림 1]처럼 4개의 문명이 상호작용하며 발전해 왔다. 4개의 문명은 북쪽으로부터 초원문명, 요하문명, 황하문명, 장강문명으로, 초원문명은 유목문명이고 나머지 3개는 농경문명이다. 장강문명은 양자강문명이라고도 하고, 요하문명은 홍산문명이라고도 하는데 고조선문명이다.

초원문명과 3개의 농경문명의 경계는 만리장성이었고, 황하문명과 요하문명의 경계는 난하였으며, 황하문명과 장강문명의 경계는 회수(화이허, 淮河)와 양자강 사이였다. 요하문명과 초원문명의 경계는 내몽골이었다. 그리고 북경부근은 3개의 문명이 하나로 만나는 곳이었다.

한국어는 요하문명 언어를 중심으로 만들어졌는데 초원문명과 요하문명 언어는 일본에서 튀르키예까지 연결되는 [그림 2]의 트랜스-유라시아어 언어권으로 갔다.[1] 오늘날 중국인의 2/3가 사용하는 북경어는

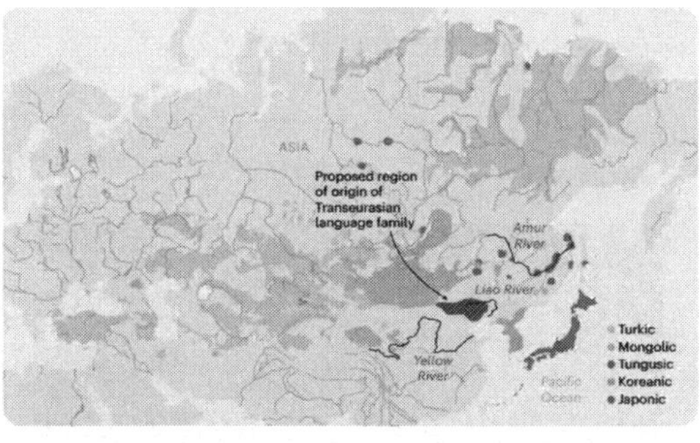

| 그림 2 | 트랜스-유라시아 언어권의 기원, 9천 년 전 요서지역 농경민에서 시작되었는데 이곳은 고조선 문화의 발상지다. 북쪽으로는 시베리아, 서쪽으로는 튀르키예까지 퍼졌다.

---

1 독일과 한국 · 미국 · 중국 · 일본 · 러시아 등 10국 언어학자, 고고학자, 유전생물학자 41명이 참여했다. 가장 보수적인 학술지인 네이처에 발표되었다.

황하문명 언어를 기반으로 하며, 남쪽지역은 장강문명 언어를 기반으로 한 여러 가지 언어를 사용한다.

황하문명인들이 BC 3세기 이후부터 인접 문명에 대한 기록을 남겨 그들의 시각으로 타 문명을 평가했다. 반면에 초원, 장강, 요하문명인은 황하문명인이 기록하기 전인 BC 3세기 이전에 대하여 자신의 기록을 거의 남기지 못했다.

그러면 BC 3세기 이전 초원, 장강, 요하의 3대 문명인들은 어떻게 이해할 수 있을까? 남들인 황하문명인이 남긴 기록이 아닌 그들 자체의 기록을 보아야 이해할 수 있는데 불행히도 당대의 기록은 아직 없다. 하지만 그들의 후손들이 남긴 기록이 있어 그것을 보고 이전의 3대 문명을 이해할 수 있다. 3대 문명의 후예들이 남긴 기록이 삼국사기다.

중국문명과 한국문명은 모두 네 개의 문명이 합해진 결과다. 신라를 예로 들면 진한은 황하문명에서, 박씨는 초원문명에서, 석씨는 장강문명에서, 최종 승자가 된 김씨는 초원문명과 메소포타미아문명에서 왔다.[2]

김씨에는 성골과 진골이 있는데, 성골은 3, 4세기에 몽골초원과 중앙아시아에서 고구려를 실력으로 뚫고 육로로 내려온 이민집단의 후손이고, 진골은 1세기 산동반도에서 고구려를 안 뚫고 해로와 육로로 내려온 이민집단의 후손이다.

고조선은 어떤 나라였을까? 그들의 정치체계, 행정조직, 군사제도, 법률, 제사 등 풍습은 어떠하였을까? 고조선의 통치자를 뜻한다는 단군은 어떤 모습을 하고 나라의 사무를 보았을까? 한국인치고 이에 궁

---

2 『삼한사의 재조명』(김상, 북스힐) 시리즈를 볼 것.

금하지 않은 사람은 없을 것이다.

요하문명인 고조선을 이해하려면 그들의 직계 후손들이 남긴 기록을 보면 된다. 여기에는 상당한 설명이 필요하여 생략하고 결론만 쓰기로 한다. 3세기 "대방조선인"들의 건국기록인 삼국사기 백제본기 고이왕조를 보면 된다. 거기에 고조선의 흔적들이 가장 많이 남아있다.

제19회 아시안게임이 2023년 9~10월에 중국의 양자강유역 대도시인 항조우에서 열렸는데 중국정부가 장강문명을 황하문명과 함께 중국의 양대 문명이라고 대대적으로 선전했다. 장강문명은 베트남 등 동남아시아 문명의 원류로서 양자강유역과 절강성, 복건성, 광동성 등 중국 남부지역이 중심이었다. 이곳은 고대 국제 무역의 중심지였으며 쌀 문화라는 공통점을 가지고 있다.

대표적인 쌀 문명인이었던 장강문명인은 어떤 사유체계를 가지고 있었을까? 고고학사료 외에 문헌사료로 아는 방법은 없을까? 중국에 남아 있는 장강문명 기록은 황하문명인들이 전국시대에 장강문명지대를 점령하고 그들의 시각으로 남긴 기록이라서 장강문명인 자체의 기록이 아니다.

삼국사기는 석탈해가 왜국 동북 천리에서 왔다고 하는데 삼국지 동이전을 보면 일본열도와 필리핀열도를 왜라고 불렀다. 당시 천리라는 단위를 알 수 없고 천리는 일반적으로 먼 거리라는 뜻이므로 동북쪽이라는 방향만 취한다. 필리핀열도에서 동북 천리면 양자강유역이다.

後漢의 양자강유역 직접지배가 시작되자 1세기 중반에 이들의 압제를 피해 한반도 남부로 이주한 것이 석탈해 집단이다. 이후 후한의 대혼란기인 2세기에도 한반도 남부로의 이민이 계속되다, 3세기 초에 양자강유역에 손권의 吳나라라는 안정된 정권이 들어서며 이민이 중단된다.

장강문명인의 사유체계는 중국 사료가 아니라 그들의 후예들이 직접 남긴 삼국사기로 알 수 있다. 통일 이전 신라는 전체적으로는 유목문명인데, 2~3세기 석씨왕조기는 농경문명이다.

3세기 후반에서 4세기 전반도 석씨왕조이나 이때는 신라가 유목민족이 지배층이던 변한의 통치를 받는 시기라 농경문화가 아니다. 중국사서 신라조는 신라를 "진한의 종족이나 변한의 후예"라고 했는데 이는 3, 4세기의 삼국사기를 보면 정확한 기록이다.

석씨 초기인 9대 벌휴이사금(2세기), 10대 내해이사금(2~3세기), 11대 조분이사금(3세기) 기록이 장강문명의 흔적인데 이런 정책들은 하루아침에 나온 것이 아니다.

신라 제9대 벌휴이사금

(1) 유목민족 명칭인 찬(飡)이나 간(干)과 다른 농경민족 명칭인 군주(軍主)제도를 실시

* 2년, 봄 정월, 친히 시조(박혁거세? 석탈해?) 묘에 제사를 지내고 죄수들을 크게 사면하였다. 2월, 파진찬 구도와 일길찬 구수혜를 좌우 군주로 임명하여 소문국을 치게 하였다. 군주라는 이름이 여기서 비롯되었다.

(2) 농업 중시. 농업에는 일손이 중요하므로 다산 장려

* 4년, 봄 3월(파종기), 토목공사로 인하여 농사철을 뺏는 일이 없도록 하였다.
* 10년, 봄 3월, 한기부 여자가 네쌍둥이를 낳았다.

신라 제10대 내해이사금

(1) 농업 중시, 인본주의

* 원년; 가뭄이 계속되다 즉위 시 큰비가 내리므로 백성들이 즐거워하였다.

* 3년, 여름 5월, 나라 서쪽에 홍수가 났으므로 1년 동안 주와 현의 조세를 면제했다. 가을 7월, 사신을 보내 백성들을 위문했다.

(2) 사면정책과 기회 부여

* 15년, 가뭄이 들어 왕이 사신을 보내 읍과 군의 죄수들을 조사하여 두 가지 사형 죄를 제외하고는 모두 용서하였다.
* 31년, 봄에 비가 오지 않더니 가을 7월에 들어서야 비가 내렸다. 백성들이 굶주리니 창고를 열어 구제하였다. 겨울 10월, 중앙과 지방의 죄수들을 조사하여 가벼운 죄는 용서하였다.

신라 제11대 조분이사금

(1) 농업 중시, 구휼

* 6년, 봄 정월, 왕이 동쪽 지방을 돌아다니며 백성들을 위문하고 구휼하였다.

(2) 통합 정책, 농업 중시

* 7년, 봄 2월, 골벌국왕 아음부가 무리를 이끌고 항복하니 집과 밭을 주어 편히 살게 하고, 그 땅을 郡으로 하였다.

* 13년, 가을에 크게 풍년이 들었고, 고타군에서 상서로운 벼 이삭을 진상하였다.

09 / 국내의 일본서기 연구

한국인 중에 일본서기를 읽어본 사람은 별로 없으나 일본서기에 대해 들어보지 않은 사람은 거의 없을 것이다. 한일고대사의 모든 문제는 일본서기를 읽을 줄 몰라서 발생한 촌극이다. 좀 더 구체적으로 말하면 일본 학자들의 해석 오류를 우리 학자들이 무비판적으로 수용해서 생긴 일이다.

역사란 시간에 따른 사건의 전개다. 따라서 사서를 공부하는데 기본 요건은 기록된 사건의 연도가 정확해야 한다는 것이다. 삼국사기에는 연표라는 항목이 있어서 3국 각 왕의 연도를 서로 비교해 보고, 또 중국 왕조의 연호도 함께 있어 한국과 중국의 연대를 서로 비교해 볼 수 있다. 문헌사료를 고고학사료와도 비교해 볼 수 있음은 물론이다.

그런데 일본서기는 저자도 없고 연표도 없다. 저자가 없다는 것은 책임질 사람이 없다는 뜻이다. 일본서기는 5세기 중반 이전은 '어느 천황 몇 년'하고 기록된 것이 서기 연도로 몇 년인지 알기 어렵게 되어 있다. 반면에 5세기 후반 이후는 연도가 ±2년 이내로 비교적 정확하다. 따라서 일본서기 해석의 능력은 5세기 중반 이전 기록의 연도를 정확히 아는 것이다. 이것이 안 되면 이순신장군이 강감찬장군을 만나는 것과 같은 논리적 오류가 발생한다.

일본서기에 연표가 없는 이유는 8세기에 일본서기를 쓰려고 보니 2세기 일본 기록이 약간 있고, 3~4세기 약 150년 동안의 일본 내 기록이 전혀 없었기 때문이다. 이 일본서기 기록 공백기를 전기고분시대라고 하는데, 구체적으로 247년에 야마도 왜 여왕 비미호가 죽은 후부터, 390년에 15대 응신천황이 즉위하기까지의 약 150년이다. 이 공백을 무리하게 채워 앞뒤를 연결하려다 보니 사건 연도가 엉망이 되어 연표를 만들 수 없었다.

이 일본의 전기고분시대 150년 동안 어떤 일이 있었는지 문헌사료는 일본서기에만 없는 것이 아니고 한국이나 중국에도 없다. 이 시기에 삼국사기 신라본기에 나오는 왜는 신라 남쪽에 국경을 접하고 있던 변한의 1국이라서 일본과는 관계가 없다. 따라서 누구든지 이 사이에 일본에서 벌어진 사건의 기록을 단 한 개라도 찾는다면 동양사의 엄청난 업적이 될 것이다.

1980년대 이전 일본서기는 우리나라 일반인들이 접근하기 어려운 사료로서 소수의 연구자가 연구를 독점하였다. 하지만 지금은 누구나 인터넷에서 일본서기 파일을 볼 수 있다. 따라서 일본서기를 인용한 책이나 논문 내용에 오류가 있으면 바로 알 수 있다.

한자로 된 일본서기를 한글로 번역한다고 해도 심각한 문제가 있다. 일본서기는 종류가 많고 내용이 조금씩 다 달라 어느 일본서기를 번역할 것인가부터 문제다. 일본서기는 초판은 8세기에 나왔다고 하나, 현재 전하는 것은 모두 필사본이고, 가장 오래된 것이 16세기 본인데, 필사본마다 내용이 조금씩 다르다. 그 이유는 8세기에 초판이 나온 이래로 많은 사람이 덤벼들어 기록을 수없이 삭제하고 또 새로 써넣고 했기 때문이다. 따라서 '일본서기의 저자는 수없이 많고 16세기 이후 책이다.'가 정확한 판단이다. 현재 일본이든 한국이든 일본서기 번역은 여러 일본서기들 중에서 일본학계가 추천하는 일본서기를 가지고 번역하는 것이 보통이다.

1980년대 이후 국내의 일본서기 연구는 다음처럼 크게 3차례 한글 번역본이 나와 대중화되었다.

• **[1단계]** : 성은구의 『일본서기』, 1987년

한국어 최초의 번역본인데 1987년에 일본서기 일부를 번역하여 출판하였다. 학계에서 번역하지 않자 일반인이 최초로 이런 시도를 했다는 것에 굉장한 가치가 있다.

• **[2단계]** : 전용신의 『완역 일본서기』, 1989년

일본서기 전체를 최초로 번역했다. 누구나 일본서기를 읽을 수 있게 만들어 심지어 나 같은 일반인도 일본서기를 공부하게 만든 책이다. 단 번역문을 읽다 보면 종종 오역이 있어 원문을 번역문과 함께 비교하며 보아야 실수하지 않는다. 앞으로 일본학계가 추천하는 일본서기 외에 다른 일본서기들도 번역해야 할 것이다.

• **[3단계]** : 동북아역사재단의 『역주 일본서기』, 2013년

일반인들이 계속하여 일본서기 번역본을 내놓자 드디어 역사학계에서도 일본서기를 번역하였고, 기존의 번역에 더해서 해설까지 곁들인 주해본이 일반인이 번역을 시도한 지 15년 후에 나왔다. 6명의 국내

한일고대사 최고 전문가들이 모여 공동 집필하였고 현재까지 이것이 한국 학계의 일본서기에 대한 공식 입장이다.

이 『역주 일본서기』는 동북아역사재단 홈피에 pdf 파일로 공개하고 있어서 누구나 무료로 받아볼 수 있다. 그런데 한 문단씩 원문을 보여주고 번역하는 방식이 아니라, 번역문만 보여주고 원문은 맨 뒤에 한 번에 모아놓는 방식을 택하여, 원문과 번역문을 한 줄씩 대조하며 보기 어렵게 되어 있다. 이 번역본도 오역이 있는데 이 세상에 오역 없는 번역본은 없다.

내가 동북아역사재단의 『역주 일본서기』를 처음 받아보았을 때 일본서기 해석의 기본 요건인 5세기 중반 이전의 연표를 어떻게 만들었는지부터 궁금했다. 이는 일본서기를 공부한 사람들이면 누구든지 가장 궁금해 하는 점이다.

그런데 펴보니 연표가 없었다. 집필진이 하지 않은 것인데 그러면 일본서기 내용을 한국이나 중국의 사료와 비교하기 어려워 이순신장군이 강감찬장군을 만나는 것과 같은 일이 발생한다. 하지만 긍정적으로 생각하면 다음 연구를 위하여 남겨두었다고 본다.

내가 쓴 4권의 역사책인 『네티즌과 함께 풀어보는 한국 고대사의 수수께끼』(주류성, 2001), 『삼한사의 재조명』(북스힐, 2004), 『삼한사의 재조명 2』(북스힐, 2011), 『삼한사의 재조명 3』(북스힐, 2021)을 보면 부록에 일본서기 연표가 있어 5세기 중반 이전의 일본서기 기록이 서기 몇 년에 해당하는지를 정확히 알 수 있다. 따라서 일본서기 기록을 한국과 중국의 여러 문헌사료 및 고고학사료와 쉽게 비교해 볼 수 있다.

이에 대하여 '일본서기에 대한 당신의 연표가 정확하다는 근거가 무엇이오?' 라고 물을 수 있다. 내 일본서기 연표와 이에 따른 해석은 크게 4가지 점에서 여타 해석과 다르다.

(1) 자체적으로 모순이 없다.

일본서기 자체적으로 모순이 없다. 이순신장군이 강감찬장군을 만나는 것 같은 비논리적인 일은 안 생긴다. 사람이 백 년 이상 살거나 죽은 사람이 다시 활동하는 일도 없다.

(2) 한 · 중 문헌사료들과 완전히 일치한다.

일본서기 기록들이 삼국사기와 삼국유사를 비롯한 한국의 문헌사료들은 물론이고, 후한서와 삼국지를 비롯한 중국의 문헌사료들과 완전히 일치한다. 사건의 연도는 물론 달까지 일치한다.

(3) 모든 고고학사료들과 완전히 일치한다.

칠지도나 광개토왕비문 등 일본 고대사와 관련이 있는 모든 고고학사료와 완전히 일치한다. 심지어 아직은 나오지 않았지만 앞으로 나올 고고학사료까지 미리 예측할 수 있다.

(4) 일본서기를 그렇게 쓴 이유를 알 수 있다.

일본서기 집필진이 이 부분을 왜 이렇게 써야 했는지 그들의 생각을 읽을 수 있다. 또 일본서기의 어떤 부분이 8세기 원본 내용이고, 어떤 부분이 후대에 첨삭된 내용인지도 대충 알 수 있다.

『삼한사의 재조명』(북스힐, 2004)이 나온 후에 어떤 재일교포로부터 연락이 와서 용산역 부근에서 셋이 만나 적이 있다. 일본에 내 책을 보고 일본 고대사를 공부하는 일본 사람들 모임이 있다는 것이었다. 일본 사람들이 한국 사람이 쓴 책을 보고 자기들의 역사를 공부하는 것이 이상하게 생각되어, 책의 저자가 무엇을 하는 사람인지 궁금하여 출판사에 물어보았다는 것이다.

일본이나 한국의 권위 있는 기관에서 출간한 책을 보면 일본서기 내용들이 한 · 중 사료와 거의 일치하지 않는다. 반면에 내 책을 보면 일본서기 내용들이 한 · 중 사료와 대부분 일치하여, 천 년 이상 잠들어 있던 기록들이 하나씩 일어나 자신들의 이야기를 들려주고 있다. 이 중에 일본인들은 후자인 내 책을 택한 것이다.

역사 연구는 발굴된 유물을 보고 설명하는 것으로는 불충분하고, 유물이 나오기 전에 미리 설명할 수 있어야 한다. 구체적인 예를 하나만 들자.

신라 왕성인 경주 월성은 삼국사기와 삼국유사를 보면 2세기 초(101년)에 파사이사금에 의하여 완공되었다고 한다. 그런데 2022년에 고고학계에서 월성을 발굴해 보니 축조연대가 4세기 중반으로 무려 250년이나 차이가 났다. 그리고 고고학계는 4세기 중반에 축조한 월성을 왜 250년이나 올려 2세기 초에 축조했다고 했는지 알 수 없다고 의문을 제기하였다.

2004년에 나온 내 책『삼한사의 재조명』을 보면 현재의 월성 축조가 단순히 4세기 중반이 아니라 343~345년으로 아예 정확한 연도를 알 수 있다. 내가 예측한 연도가 약 20년 후에 고고학계의 발굴조사로 검증된 것인데 발굴 당시 고고학계는 내 책을 보지 않았다.

그런데 생각해 보면 고고학계가 내 책을 볼 이유가 없었을 것이다. 하지만 유물이나 유적이 나온 후에 설명하는 것이 아니라, 이렇게 나오기 전에 미리 맞혀야 그 사람의 설명이 신뢰성을 갖는다.

만일 타임머신을 타고 342년의 경주를 방문했다면 월성은 없고 과거 월성의 흔적만 있을 것이다. 반면에 343~345년으로 가면 반세기 전에 헐어야 했던 과거의 월성 자리에 월성을 다시 쌓고 있는 것을 볼 수 있을 것이다.

4세기 중반의 경주 월성 재축조가 중요한 이유는 이때를 기준으로 통일 이전 신라사가 전기신라에서 후기신라로 바뀌기 때문이다. 시대가 바뀐 이유는 신라의 주도 세력이 바뀌었기 때문으로 신라의 새로운 지배층이 신라 말 배우고 신라 글자인 한자 배우는데 약 150년 걸렸다.

월성 발굴 조사에서 수십 구의 인신공양 흔적이 발견되었는데 343년에 신라를 정복한 새로운 지배층이 피지배층인 신라인을 축성제사에 사용했기 때문이다.

10 / 5세기 왜국의 지배층 성씨

1. 서론

삼국시대에는 귀족만 姓이 있고 일반 평민은 姓이 없었다. 당시 성이란 집단을 구분하기 위하여 사용되었는데, 다른 집단의 사람에게 자신들의 성을 주어 받아들이기도 하였고, 성을 박탈하고 내보내기도 하였고, 필요하면 성을 여러 번 변경하기도 하였다. 그러면 '5세기에 일본의 지배층도 성이 있었을까?'라는 궁금증이 생긴다. 5세기로 한정한 이유는 시기에 따라 지배층의 성이 다르기 때문이다. 광개토왕비를 보면 당시 왜는 고구려의 주적으로 만만치 않은 상대였다.

5세기 삼국의 지배층 성을 알려면 5세기 삼국사기 각국 본기를 보면 된다. 마찬가지로 5세기 일본서기를 보면 지배층의 성을 알 수 있을까? 왕을 비롯하여 대부분의 지배층은 시호만 나오고 성은 안 나온다. 갈성씨, 평군씨, 물부씨, 대반씨 등이 지배층 성이 나오기는 하나 모두 7세기 이후에 한반도에서 이주한 사람들이 성을 바꾼 것을 5세기로 소급하여 기록한 것이다.

일본서기 집필진이 본 원사료에는 5세기 일본의 지배층들의 성과 이름이 모두 있었을 것이나, 7세기 후반에 백제와 고구려가 망하자 왜국이 8세기에 일본이라는 새로운 나라의 정통을 세우기 위하여 모두 삭제하고 대신 시호로 바꾸거나 후대의 성을 가져다 놓은 것이다. 따라서 우리는 일본서기 편자들이 본 원사료에 적혀있는 5세기 왜국 지배층의 진짜 성과 이름을 알고 싶다.

삼국사기와 일본서기에는 없지만 제3자의 기록인 5세기 중반 중국 남조 국가인 劉宋(유씨가 왕인 송나라)의 사서인 宋書에, 한 명도 아니고 왜국 최고 지배층 10여 명의 성과 이름이 기록되어 있어 그에 대한 이야기를 하고자 한다. 이 기록은 자세하여 한 · 중 · 일 어느 나라 학자도 그 신뢰성에 이의를 제기하지 않는다.

2. 일본서기 5세기 7대왕 조의 특징

일본서기에서 〈15대 응신천황, 16대 인덕천황, 17대 이중천황, 18대 반정천황, 19대 윤공천황, 20대 안강천황, 21대 웅략천황〉까지 7명을 흔히 '5세기 7대왕'이라고 부른다. 이 시기는 약 80년인데 일본서기 전체에서 왜국이 가장 강력했던 시기로 천황으로 기록된 사람들이 유일하게 실권이 있었던 시기다. 그런데 '5세기 7대왕' 조에는 몇 가지 특징이 있다.

우선 천황은 스스로 왕이 되지 못한다. 왕이 죽으면 왕세자가 저절로 왕이 되는 것이 아니고, 백성들에게 능력을 인정받아 여러 세력가에 의하여 공립(共立)되어야 한다. 어떻게 인정을 받느냐면 마한의 최대 세력인 백제와 국혼을 해서 혼인동맹을 맺어야 하는데, 백제에서 아무 여인이나 데려오면 안 되고, 두 나라가 동맹을 이룰 수 있는 신분의 여인을 왕비로 데려와야 한다. 그러다 보니 왕이 바뀔 때마다 지배층 사이에 백제 왕실의 여인을 두고 내란이 벌어진다. 특히 당시는 지배층들이 각각 자신들의 영토와 군대를 가지고 있던 시기라 '5세기 7대왕' 시기에 평화적 왕권교체가 이루어진 적이 거의 없다.

삼국사기 백제본기에는 왜국이 15대 응신과 16대 인덕의 시기인 397~428년에만 나오는데, 그 이유는 이 시기에 왜국과 백제가 왕족과 왕비족으로 결합해 있었기 때문이다. 삼국사기 백제본기를 보면 왜국과 백제의 혼인은 4세기 초부터 시작되는데, 당시는 왜국이 일본열도에 있지 않아서 삼국사기에 안 나오는 것이다. 삼국사기 신라본기에 나오는 왜국은 신라 남쪽에 있었던 가야의 일파로, 일본열도에 있던 백제본기의 왜국과는 전혀 다른 나라다.

일본서기는 중요한 인물이 있으면 앞의 천황 아래에 왕자로 입적하는데, 왕자의 순서는 왕력에 입적된 순서다. 따라서 長子로 갈수록 친자일 가능성이 높고, 末子로 갈수록 양자일 가능성이 높다. 그러나 보니 15대 응신과 그의 4번째 아들로 기록된 16대 인덕처럼 아들이 아버지보다 나이가 많은 경우도 생긴다. 즉 왕은 왕력상의 아버지와 생물학적 아버지를 따로 가지는 것이 보통이다.

일본서기를 보면 왕비의 신분에는 후(后)-비(妃)-부인(夫人)의 3단계가 있어, 즉위하면 2년 이내에 봄에 왕비를 세우고 공립되어 왕이 되는 것이 원칙인데, 특히 기후가 좋은 3월을 선호했다. 반면에 왕비 신분이 후가 못 되면 공립이 불완전하여 혼인을 가을에 해야 했다.

'5세기 7대왕' 중에 5명은 왕비의 신분이 후인데, 16대 이중과 17대

반정만 왕비 신분이 비와 부인이다. 그래서 일본서기 집필진은 왕비 신분이 후인 5명은 좋은 시호를 주고, 19년(409~427) 재위한 인덕을 87년을 재위한 것으로 만드는 등 5명의 재위기간을 대폭 늘려주었다. 반면에 그렇지 못한 17대 履中에게는 '신발 속'이라는 뜻의, 18대 反正에게는 '올바른 것을 뒤집는다'는 뜻의 경멸적 시호를 주었으며, 재위기간도 전혀 늘려주지 않았다. 따라서 왕비의 신분이 후가 아닌 사람은 왕권이 약해 이에 대한 보완책으로 중국 왕조에 왜왕의 책봉을 요구하기도 했다.

왕으로 즉위했어도 공립이 안 되면 대외적으로 왕이 아니라 왕세자를 칭해야 했다. 그러다 공립되면 '세자'자를 떼고 세자 기간도 자신의 재위기간이 되는 것이다. 반면에 즉위는 했으나 공립되지 못하고 퇴위한 왕은, 일본서기로부터 천황의 시호와 대수를 못 받고, 앞이나 뒤의 공립된 왕의 재위기간에 통합되어 존재마저 사라져버렸다.

다음이 삼국사기 백제본기에 출현하는 5세기 왜의 마지막 기록으로 왜왕의 공립관련 기록이다.

> * 비유왕 2년(428), 봄 2월, 왜국에서 사신이 왔는데 수행원이 50명이었다.

427년 5월에 16대 인덕이 죽자 서로 왕이 되겠다고 내전이 벌어졌는데, 다음 해인 428년 봄 3월에 백제 왕실의 여인을 왕비로 세우는 사람이 백성들의 지지를 받아 승리하고 새 왕이 되는 것이다. 그러면 428년 1월에 왜국 청혼 사절단이 수도인 오사카를 출발하여, 2월에 백제에 도착하고 왕비 감을 구해서, 3월에 오사카에 돌아와 왕비를 세우면 왕으로 공립되는 것이다. 따라서 삼국사기의 428년 2월에 왜국에서 대규모 사신이 왔다는 기록은 해와 달이 모두 정확하다.

하지만 왜국 사신은 왕비 감을 못 데려가고, 결국 내전이 발생하여 18대 반정이 승리한 후 16대 인덕의 아들인 이중을 17대 왕으로 옹립한다. 5세기 7대왕 중에 부자 상속은 이것 딱 1번인데 그것마저 이중이 허수아비 상태에서 벗어나려 하자, 반정이 이중을 제거하고 자신이 직접 왕이 된다. 17대 이중시기에도 대외적으로 왜왕은 반정 자신이었다.

3. 19대 윤공 사후 대 혼란과 집단지도체제의 수립

왜국은 왕이 바뀔 때마다 내란이 발생하는데 453년에 19대 윤공이 죽고는 극에 다다른다. 454년에 혈수황자가 왕권 경쟁자였던 목리경황자와 대초향황자를 공격하여 죽이고 12월에 즉위한다. 그리고 대초향황자의 아내를 빼앗아 455년 봄 정월에 왕비(后)로 세우고 20대 안강천황으로 공립된다. 당시 왜국에 백제 왕실의 여인은 대초향황자의 아내뿐이었던 것이다.

그런데 456년 가을 8월에 대초향황자의 아들인 미륜왕이 아버지를 죽이고 어머니를 뺏어간 20대 안강을 암살한다. 그러자 왜국은 또다시 대규모 내란의 위기에 휩싸인다.

당시 최대 세력가였던 시변압반황자, 두 번째 세력가였던 대박뢰황자, 그리고 팔조백언황자, 판합흑원황자, 어마황자 등 5황자를 비롯하여, 왕실 최대의 외척이었던 원대신, 대초향의 아들 미륜왕, 중앙의 대귀족이었던 판합부련지숙네(숙녜는 백제의 좌평에 해당), 좌백부매륜 등이 서로 왕이 되려고 호시탐탐 기회를 엿보고 있었다.

이대로 가면 내란이 명약관화해지자 457년에 왜국의 지배층 11명이 모여 시변압반황자를 영수로 하는 집단지도체제를 결성하고 왜국을 공동으로 통치하게 된다. 그리고 이 체제를 확고히 하여 평화를 유지하기 위해 당시의 서열 순서 그대로 중국 남조 국가인 유송으로부터 책봉을 받기로 한다.

중국 왕조의 책봉은 누군가 유송 황제에게 요청해야 하므로 백제의 개로왕에게 책봉을 받아줄 것을 부탁한다. 개로왕에게 책봉 요청을 받은 유송은 457년에 개로왕을 진동대장군으로 먼저 책봉한 후, 진동대장군의 책봉 요청을 승인해주는 형식을 통하여, 시변압반황자 등 11명을 모두 장군으로 책봉한다. 책봉하려면 전쟁에 공이 컸다거나, 내란을 진압했다거나 등 어떤 이유가 있어야 하는데, "충성스럽고 부지런하니 높은 지위를 받을만하다."고 하여 이유가 불분명한 이상한 책봉이다.

그런데 이 책봉기록은 삼국사기에는 없는데 백제와 아무 관련이 없는 일이기 때문에 당연하다. 일본서기 집필진도 宋書 기록을 다 보고 안 들키게 집필했지만 약간의 독해력만 있으면 앞 뒤 상황으로 모두 알 수 있다.

4. 웅략천황의 즉위

권력을 독점하려는 인간의 본성상 집단지도체제라는 것이 오래 가기 어렵다. 458년 이후에도 서로 백제 여인을 데려와 왕비로 세우고 왕이 되려고 경쟁에 들어가는데, 왕비가 될 신분이 아니라는 것이 드러나자 애꿎은 여인만 죽는다. 시변압반황자는 책봉 후 4년이 지나도 왕이 못 되자 비상수단을 택한다.

자신들의 할아버지 세대에 여휘(餘暉)라는 왕이 백제 침류왕과 진사

왕의 비협조로 공립이 안 되자, 386년에 백제왕세자를 칭하며 중국 남조 국가이던 동진에 사신을 보내 백제왕의 책봉을 받아 공립을 대신한 적이 있다. 따라서 시변압반황자도 461년에 이를 흉내내어 유송에 "왜왕세자 흥(興)"의 이름으로 사신을 보낸다.

이 사신 파견 소식을 듣고 놀란 서열 제2위의 대박뢰황자가 461년 4월에 백제로 달려간다. 개로왕을 만나 말하기를, "형님, 시변압반이 4년 전의 약조를 깨뜨리고 자기가 왕이 되려고 유송에 사신을 보냈습니다. 만일 책봉을 받아 왕이 되면 제일 먼저 누구를 치겠습니까?" "제게 막내 형수님을 주십시오, 제가 살려면 이 방법밖에 없습니다." 하였다. 이에 개로왕이 자신의 왕비를 주며 말하기를, "왕비가 만삭이니 도중에 아이를 낳거든 아이는 백제로 돌려보내라." 하였다.

대박뢰황자가 만삭의 왕비를 대동하고 왜국으로 돌아오는 중 461년 6월에 왜국 가까운 각라도라는 섬에서 아들을 낳으니 이분이 훗날 백제 무령왕이다. 무령왕은 섬에서 태어났다고 하여 시호가 섬왕(島君) 또는 사마왕이었다. 인터넷을 보면 무령왕이 왜국에서 성장하였다는 말이 떠돌기도 하는데 어느 사료에도 무령왕이 왜국에 간 흔적은 없다. 고고학적으로도 그의 무덤은 6세기 당시 양나라에서 유행하던 전축분인데, 만일 왜국에서 성장하였으면 전축분을 쓰지 않았을 것이다. 묘제는 인간의 제도 중 가장 보수적인 것이다.

당시 대박뢰황자는 40대였는데 이미 3명의 아내와 5명의 아들이 있었다. 둘째 아들이 말다(모대)왕자로 훗날의 백제 동성왕인데, 무령왕이 태어날 무렵에 20살 정도였다. 삼국사기 백제본기는 무령왕을 동성왕의 제2자라 하였는데, 백제본기의 제2자란 같은 계열이나 아버지와 어머니가 모두 다른 경우를 뜻한다.

461년 7월에 대박뢰황자가 왕비를 대동하고 왜국의 수도에 입성하자 백성들의 인정을 받아 대세가 그에게 기운다. 461년 8월에 군사를 동원하여 팔조백언황자를 베어 죽이고, 판압흑언황자, 미륜왕, 원대신, 판압부련지숙녜를 불태워 죽인다. 10명 중에 5명이 죽었으니 이제 5명 남았다.

461년 10월에 사냥터에서 집단지도체제의 영수였던 시변압반황자를 활로 쏘아 죽이고, 그를 따르던 어마황자를 베어 죽인다. 이제 10명 중에 7명 죽고 3명 남았다.

그해 11월 대박뢰황자가 왕으로 즉위하고, 자신을 지지했던 남은 3명인 평군신진조, 대반연실옥, 물부연목을 대신과 대련 등 각료로 임명한다. 그리고 다음 해 462년 봄 3월, 백제에서 데려온 무령왕의 어머니를 왕비(후)로 세우고 공립되니 21대 웅략천황이다. 이후 유송에 왜왕 武의 이름으로 사신을 보내 興이 아니라 자신이 왜왕임을 알린다.

이런 경우 일본서기 기술 원칙에 따라 시변압반황자의 4년 재위기간(457~461)은 웅략의 재위기간에 흡수되어, 즉위한 461년은 456년으로 가고, 왕비를 세우고 공립된 462년은 457년으로 간다.

즉위 후 5개월이 지난 462년 여름 4월에 양자강 하류의 吳國에서 사신이 오는데 이는 즉위 축하 사절이다. 가는데 2달, 오는데 2달이니 정확한 기록이다. 吳國은 당시 절강성과 복건성에 있었던 월주백제다. 이들은 13세기 쿠빌라이의 원나라에 백제를 칭하며 사신을 보내기도 한다.

이제 송서를 보고 책봉 받은 11명의 이름과 일본서기를 비교해보자.

[표 1]처럼 5세기 왜국의 지배층 성씨가 모두 부여씨 등 백제의 귀족성임을 알 수 있다. 평군씨, 물부씨, 대반씨 등 왜국의 지배층 성씨들

도 본래는 모두 부여씨를 비롯하여 백제의 성씨였음도 알 수 있다. 왜국의 대표적 왕비 가문인 갈성씨가 본래 목씨였음을 알 수 있다. 여씨의 여자도 발음만 같으면 여러 가지 글자로 표현되듯이, 목씨도 木, 沐 등 발음만 같으면 여러 가지 글자로 표현되었다. 6세기에 왜국은 계체천황 이후 실권이 목씨(소아씨, 갈성씨)로 넘어가는데 그 이유를 알 수 있다. 계체천황의 외가가 목씨였던 것이다.

<table>
<tr><th>서열</th><th>책봉 지위</th><th>성과 이름</th><th>일본서기 기록</th></tr>
<tr><td>1위</td><td>관군장군 우현왕</td><td>여기(餘紀)</td><td>시변압반황자(왜왕세자 흥)</td></tr>
<tr><td>2위</td><td>정로장군 좌현왕</td><td>여곤(餘昆)</td><td>대박뢰황자(왜왕 무, 21대 웅략천황)</td></tr>
<tr><td>3위</td><td>정로장군</td><td>여훈(餘暈)</td><td rowspan="3">팔조백언황자
판압흑원황자
어마황자 *3인 순서는 모름</td></tr>
<tr><td>4위</td><td>보국장군</td><td>여도(餘都)</td></tr>
<tr><td>5위</td><td>보국장군</td><td>여예(餘乂)</td></tr>
<tr><td>6위</td><td>용양장군</td><td>목금(沐衿)</td><td>원대신(갈성대신)</td></tr>
<tr><td>7위</td><td>용양장군</td><td>여작(餘爵)</td><td>미륜왕(16대 인덕의 손자)</td></tr>
<tr><td>8위</td><td>영삭장군</td><td>여류(餘流)</td><td rowspan="4">판합부련지숙녜
평군진신조
대반연실옥
물부연목 *4인 순서는 모름</td></tr>
<tr><td>9위</td><td>영삭장군</td><td>미귀(麋貴)</td></tr>
<tr><td>10위</td><td>건무장군</td><td>우서(于西)</td></tr>
<tr><td>11위</td><td>건무장군</td><td>여루(餘婁)</td></tr>
</table>

| 표 1 | 송서와 일본서기의 비교로 본 457년 왜국 지배층 이름

21대 웅략천황인 여곤(곤지왕)은 4명의 왕비가 있는데 다음과 같다.

· **제1왕비:** 귤희, 황후, 무령왕의 어머니, 자녀 없음.

· **제2왕비:** 한원(갈성씨), 동성왕, 청령천황, 계체천황의 어머니, 3남 1녀.

· **제3왕비:** 치희, 2남.

· **제4왕비:** 동녀군, 1녀.

이로부터 우리는 동성왕의 어머니 이름은 한원이었고, 무령왕의 어머니 이름은 귤희였음을 알 수 있다. 귤희는 네 왕비들 중에 가장 젊었음에도 불구하고 왜국에서 자녀가 없다. 여곤은 재위기간 내내 철권통치로 일관하는데 귤희 황후에게만은 꼼짝 못 한다. 이로부터 그가 데려온 개로왕의 왕비였던 귤희는 실제적인 부인이라기보다는 공립을 위하여 모셔 온 존재임을 알 수 있다.

'5세기 7대왕' 중에 19대 윤공천황만 목씨고 나머지 6명은 부여씨였다. 일본서기는 21대 웅략천황 여곤을 19대 윤공천황의 5번째 아들로 입적했는데 왕력에 입적된 순서가 5번째라는 뜻이다. 그의 생물학적 아버지는 삼국사기 백제본기에 기록된 최초의 부여씨 왕인 백제 비유왕이다.

5세기 왜국 지배층이 대부분 부여씨인 이유는 백제사의 시작으로 거슬러 올라간다. 百濟는 형인 비류가 금강유역인 미추홀에 세운 미추국과, 동생인 온조가 한강유역인 위례에 세운 위례국이 있었는데, 미추국이 글자와 발음이 어려워 목지국으로 바뀐다. 百濟란 본래 목지국을 중심으로 마한, 진한, 변한으로 이루어진 나라의 국명이었다. 서울의 위례국이 삼국사기의 백제인데 해씨와 진씨가 양대 지배층이었고, 목지국 왕성인 부여씨는 407년에 삼국사기에 최초로 출현한다.

이후 한강유역 위례국의 왕통은 3세기 초에 말갈족으로 넘어가고, 목지국 왕통은 4세기 초에 영산강유역에서 옹관묘 쓰던 마한계로 넘어간다. 이들 마한계 집단이 목지국 중앙무대에 진출하며 성이 필요해지자 자기들이 본래 부여에서 왔다고 하여 부여로 성을 삼게 된 것이 부여씨의 근원이다. 즉 부여씨란 마한계 성씨다. 그리고 4세기 초부터 이 둘이 왕족과 왕비족으로 결합하여 백제를 통치하게 된 것이다.

4세기 목지국 수도는 웅진이었다. 이후 4세기 말에 고구려와 전쟁이 벌어져, 396년 8월에 목지국이 고구려 광개토왕 군대에게 토벌되자, 왕실이 396년 8월에 웅진을 떠나 9월에 큐슈에 도착했고, 다시 10월에 큐슈를 떠나 397년 1월에 오사카에 도착했다.

5. 웅략천황의 백제 천도

475년에 고구려 장수왕에 의하여 백제 한성이 공격받을 때 21대 웅략천황, 즉 여곤은 목협만치와 조미걸취를 시켜 백제에서 가장 가까운 큐슈지역 군사 1~2만 명으로 이루어진 백제 구원군을 급파한다. 이것 때문에 장수왕은 더 이상 남하하지 못하고 돌아간다.

백제 구원군이 서울에 도착했을 때는 이미 상황이 종료되어, 서울은 고구려군의 7일7야에 걸친 화공으로 불타 폐허가 되었고, 개로왕을 비롯한 왕족은 모두 죽었다. 당시 영산강유역에 있었던 사마왕자(무령왕)는 14살, 오사카에 있었던 말다왕자(동성왕)는 약 34살이었다.

백제의 왕통이 끊기자, 여곤이 477년 4월에 전 각료를 이끌고 오사카에서 웅진으로 천도한다. 397년에 오사카에 왔으니 목지국 7왕이 80년을 왜국에서 보냈다. 책봉 받고 살아남은 3명의 각료 중에 두 명은 왜국에 남겨 자기 아들의 통치를 보좌하도록 하고, 한 명은 데리고 귀국한다.

하지만 그렇게 쉽게 백제왕이 될 수 있는 것이 아니었다. 웅진에 가보니 4대 세력이 맞서고 있었다. ①해구로 대표되는 한성백제세력, ②문주왕으로 대표되는 친 신라세력, ③백가로 대표되는 웅진 토착세력, ④여곤으로 대표되는 왜국 귀국세력이다.

여곤은 477년 7월에 벌어진 내란에서 패하여 그의 각료들과 함께 죽고 그의 시신은 왜국으로 실려 간다. 그리고 남은 세력은 영산강유역으로 후퇴했다. 여곤은 백제 부여씨 왕실의 법도에 따라 죽은 2년 3개월 후인 479년 10월에 왜국에서 장사지내졌고, 이후 매년 같은 달에 제사를 지낸다. 일본의 곤지신사는 지금도 매년 음력 10월에 제사를 지낸다.

479년에 여곤의 아들이 동성왕으로 즉위하니 두 백제가 하나로 통합된 첫 번째 왕이다. 결국 책봉 받은 11명 중에 여곤을 포함한 10명은 일본에 묻혔고, 부여씨에서 성을 바꾼 물부연목 1명만 백제로 돌아와 영산강유역에 묻혔다. 5세기 후반 웅진천도 이후에 영산강유역에 나타나는 전방후원분은 477년에 여곤의 왜국정부가 천도한 흔적이다.

여곤의 천도 이후 왜국은 백제의 지방정부가 되는데, 백제는 지방정부에게는 외교권을 주지 않기 때문에, 왜국은 22대 청령천황부터 6세기 말까지 외교권을 행사하지 못한다. 왜국이 외교권을 다시 행사하는 것은 백제 소아씨가 북해도를 제외한 일본열도 전체를 통일하고 실권을 행사하는 7세기 초다.

11 / 장군이 되면 받는 칼, 삼정검

우리나라는 장군으로 진급하면 대통령으로부터 삼정검(三精劍)이라는 지휘도를 받는데 중장 이상은 대통령이 직접 수를 달아준다. 삼정이란 호국 · 통일 · 번영을 의미한다. 길이는 100 cm(날은 75 cm)로 칼자루에는 태극 문양이, 칼집에는 대통령의 휘장인 봉황과 무궁화꽃이 조각되어 있다. 칼의 한 면에는 '산천의 악한 것을 베어내 바르게 하라'는 뜻

| 그림 1 | 삼정검의 모습.[1] 손잡이 끝에 둥근 고리가 달려있어 환두대도의 일종이다.

---

1 https://n.news.naver.com/mnews/article/020/0003289660

의 글이, 다른 한 면에는 진급 당시 현직 대통령의 이름이 새겨져 있다.

그러면 이런 제도가 언제부터 시작되었을까? 현대사에서는 전두환 대통령 때 시작되었다. 처음에는 삼정도였는데 노무현 대통령 때 삼정검으로 바뀌어 현재에 이르고 있다. 그러면 과거는 언제 이런 풍습이 있었을까? 답은 4세기 중후반 목지국(비류가 미추홀에 건국한 미추국)이다.

칼은 본래는 무기였으나 어느 시기에 이르면 무기뿐만 아니라 장식용 위세품, 즉 의례품으로 진화한다. 실용품이 아니라 권위의 상징이다. 칼 손잡이에 고리를 달면 손에서 잘 빠지지도 않고 정리하기에도 좋다. 그래서 칼의 손잡이 끝에 둥근 고리를 만든 칼을 환두대도라 한다. 삼정검도 손잡이 끝에 둥근 고리가 있어 크게 보면 환두대도의 일종이다.

이 환두대도가 4세기 중반이 되면 손잡이에 금이나 은으로 용이나 봉황을 조각해 넣은 위세품으로 진화한다. 그리고 4세기 후반 충남 천안의 용원리 고분군에서 손잡이에 용무늬 조각이 새겨진 최초의 환두대도가 발굴된다. 평소에 쓰던 것을 매장하므로 만들어진 시기는 4세기 중반으로 보는 것이 합당하다.

환두대도는 4세기 중반에 출현하여, 4세기 후반부터 매장되기 시작하다, 5세기에 전성기를 맞고, 6세기 초에 쇠퇴하기 시작하다, 6세기 중반에 중앙집권과 함께 사라진다. [그림 2]의 6세기 무령왕릉에서 발굴된 용무늬 환두대도는 거의 마지막 시기의 위세품 칼이다.

위세품으로의 환두대도는 충청이남 한반도와 일본열도 전체에서 발견되며 서울과 경기도에서는 안 나온다. 그 이유는 일본열도는 전체가 백제의 칼 문화권이었지만, 서울과 경기도는 고구려의 활 문화권이었기 때문이다. 참고로 신라는 말 문화권이다.

| 그림 2 | 무령왕릉에서 발굴된 6세기 초의 단용문 환두대도

서울이 백제 문화권이 아니라 고구려 문화권이라고 하면 대부분은 이해가 안 갈 것이다. 광개토왕비문은 "백잔(서울의 백제)은 과거 우리의 속민이었다."라고 하는데, 삼국사기를 보면 누구에 의하여 언제 어떻게 고구려의 속민이 되었는지, 또 언제 어떻게 고구려의 속민에서 벗어났는지 등이 아주 상세히 나온다.[1]

4세기 초반에 새로 목지국왕을 배출하게 된 부여씨가 지방을 통치하던 이전의 담로주들에게 각자의 통치권을 인정해준다는 표식으로, 즉 자기의 통치권을 위임한다는 증표로 자기가 가진 칼을 복제하여 나누어준 것이 시작이다. 따라서 지방자치의 상징이다. 한강유역에 있던 삼국사기의 백제는 목지국의 통치지역이 아니었으므로 칼을 나누어주지 않았다. 하지만 이후 중앙에서 나누어주지 않더라도 각자 경쟁적으로 환두대도를 만들어 자신의 통치권을 상징하는 위세품으로 보유하게 되었다.

백제의 환두대도가 일본에서 발견된 칠지도와 어떤 관계냐고 묻는

1 김상, 『삼한사의 재조명』(북스힐, 2004)

경우가 있는데, 칠지도는 2~3세기 중국 후한시대에 유행하던 상감기법으로 만든 칼로서, 칼 표면에 홈을 파고 글자를 새긴 후 여러 물질을 집어넣어 메우는 방식이다. 따라서 2~3세기 칠지도는 4~6세기 환두대도보다 약 2백 년 앞선 고형이다.

일본에서 발굴된 환두대도의 가장 대표적인 것은 5세기 초(420년대)에 축조된 인덕천황릉으로 전해오는 오사카의 대산고분에서 나온 용무늬 환두대도인데, 2차 대전 이후 미군 군정 시절에 가져가 현재 미국의 보스톤 미술관에 있다고 전해진다.[2] 일본정부는 도굴된 것이니 돌려달라고 하고, 미국정부는 홍수로 무덤이 무너져 나온 것을 주워왔을 뿐이라고 하는데 어느 쪽이 옳은지는 알 수 없다. 하지만 모든 유물은 제자리에 있어야 한다는 것이 내 생각이다.

2 인덕릉으로 전해오는 대산고분에서 출토된 유물은 4점으로 '환두대도의 손잡이 부분, 수대경(獸帶鏡), 삼환령(三環鈴), 마탁(馬鐸)' 등이다.

12 / 조선 초 혼일강리도가 그린 아프리카

혼일강리도란 조선 태종 2년(1402년)에 제작된 가로 164 cm, 세로 148 cm의 대형 세계지도다. [그림 1]은 규장각에 소장된 모사본이며 원본은 현재 일본에 있다. 정식 이름은 혼일강리역대국도지도(混一疆理歷代國都之圖)다.

지도 제작을 책임졌던 대제학[1] 권근이 지도에 설명을 달았다.

> 천하는 지극히 넓다. … 오문(吳門) 이택민의 《성교광피도》(聲教廣被圖)는 매우 상세하고, 역대 제왕의 연혁은 천태승(天台僧) 청준(淸濬)의 《혼일강리도》에 실려 있다. 건문(建文) 4년(1402년) 여름에 좌정승 상락(上洛) 김사형과 우정승 단양 이무가 틈틈이 짬을 내어 이 지도를 참조하여 연구하고, 검상 이회에게 명하여 자세히 교정하도록 하여 한 장의 지도를 만들게 하였다. … 지금 특별히 우리나라의 지도를 증광하고 일본을 첨부해 새로운 지도를 만들었다. … 나(권근)는 재주 없는 몸으로 참찬을 맡아 두 공의 뒤를 따랐는데,

1 오늘날의 교육부장관에 해당.

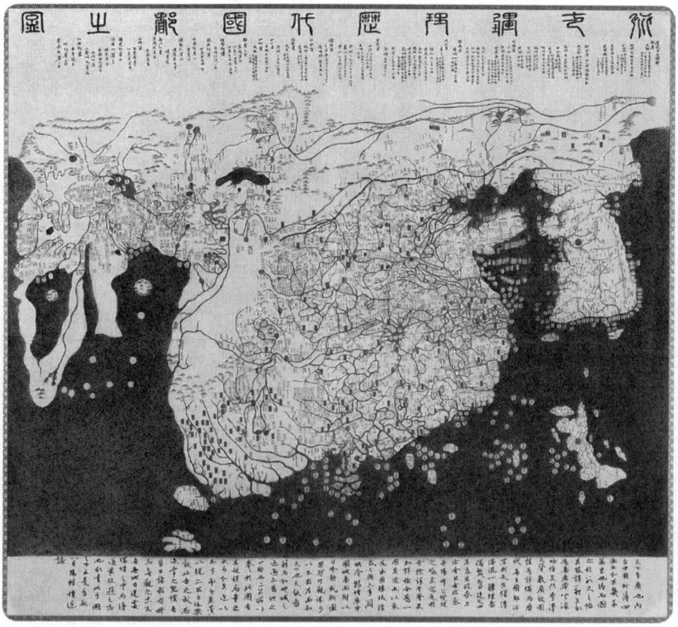

| 그림 1 | 1402년에 조선에서 제작된 강리도(혼일강리역대국도지도).[1] 중국과 동남아시아와 인도를 하나의 큰 대륙으로 묶고 아프리카와 유럽이 있다. 아메리카대륙과 남극대륙은 없다.

> 이 지도의 완성을 기쁘게 바라보게 되니 몹시 다행스럽다. … 시년(是年) 가을 8월에 양촌 권근이 기록하노라.

프랑스어 서적 〈아프리카 역사의 이해 Connaissances de l'histoire africaine〉(Mahawa Kande, 2009)는 첫머리에서 혼일 강리도를 다음처럼 소개하고 있다.: 24~25쪽

> "강리도는 1402년 한국에서 김사형, 이무, 이회에 의하여 제작되었다. 지도

2 국립중앙도서관

에는 상대적 위치가 정확하지는 않지만, 중국 제국뿐 아니라 한국, 일본이 상세히 묘사되어 있다. 서쪽으로는 아라비아반도, 아프리카 그리고 유럽도 그려져 있는데 중국에 비해서 실제보다 작게 나타나 있다.

이 지도가 보여주는 아프리카의 실제 윤곽에 대한 이해는 포르투갈 항해가 바르톨로뮤 디아스나 바스코-다-가마[3]보다 앞서 동양인이 그 지역을 탐험했음을 말해 준다. 아프리카 남단 부분은 대체로 정확한 형태를 지녔고, 오렌지강을 찾아볼 수 있다. 알렉산드리아의 등대도 찾아볼 수 있다. 나아가 아랍어로 이집트를 의미하는 Misr가 중국어(한자)로 표기되어 있다."

이 지도를 만들기 위하여 조선의 관리들이 현장을 답사한 것은 아니다. 대신 이전에 제작된 어떤 지도들을 참고하여 제작되었을 것이다.

서양인들이 이 지도를 보고 놀라는 가장 큰 이유는 왼쪽에 그려진 아프리카 때문이다. 크기가 조금 작을 뿐 해안선이라든가 강 등이 아주 정확하다. 당시 유럽인들은 아프리카 지형에 대하여 거의 모르고 있을 때였고, 그들이 전체적인 구체적인 아프리카의 모양을 처음으로 알게 된 것은 1492년에 컬럼버스가 아메리카대륙에 도착하고, 이후 1497년에 '바스코-다-가마'가 아프리카 최남단인 희망봉을 항해한 이후다. 즉 혼일강리도가 그려진 약 백 년 후다.

지도의 아프리카 부분을 잘 보면 한 가지가 이상한데 내륙 내부에 거의 바다급인 거대한 호수가 그려져 있다는 점이다. 과거에는 이것이 이 지도의 중대한 오류라도 생각되어 왔다.

---

3 Vasco da Gama(1460년대~1524년 12월 24일)는 포르투갈 출신 탐험가로서 유럽인 최초로 아프리카 남단인 희망봉을 항해하여 인도 항로를 개척하였다. 1497년 7월에 포르투갈의 리스본을 출발하여 귀국할 때까지 총 2년 동안 약 4만 km를 항해하였다.

그런데 빙하기 이전의 아프리카는 북부의 사하라사막이 대초원이었으며 중앙에 아프리카 면적의 약 20%를 차지할 정도로 거대했던 북쪽의 차드호와 남쪽의 콩고호라는 호수가 존재하였다는 것을 알게 되었다. 실제로는 저 지도의 호수보다는 적으나 만일 빙하기 이전의 아프리카를 그려야 한다면 저 강리도처럼 그려야 할 것이다.

동남아시아가 포함된 아시아 형태에서도 큰 의문이 따른다. 빙하기에는 인도차이나반도와 인도네시아 제도가 순다랜드라는 거대한 아시아 아대륙(sub-continent)이었기 때문이다. 어떻게 빙하기에만 육지로 연결되었던 순다랜드의 존재를 알았을까?

이 지도의 중대한 오류라고 생각되어 왔던 것들이 인류 발전사의 중대한 가치가 되었다. 지도의 원본으로 가장 유력한 것은 13세기에 원나라 군대가 서역을 원정하며 얻은 정보라는 것이다. 지도의 원본이 빙하기 이전으로 거슬러 올라가는 것으로 보아 인류 문명은 생각보다 일찍 시작되었다.

13 / 익산 황등호와 호남의 명칭 유래

황등호는 전라북도 익산시 황등면에 있었던 호수로 그 남쪽을 호남지역이라고 부르게 한 호수다. 「디지털익산문화대사전」에 의하면 황등호는 1922년까지 국내 최대의 호수로, 둘레가 80리[약 31 km], 면적은 1,020여 정보[1,200 ha]로 매우 크나 수심은 상대적으로 얕아 6척여[약 1.8 m]였다고 전해진다. 이 호수에서 1923년에 1780년(정조 4년)에 세운 요교비(腰橋碑) 2기가 발굴되었다.

황등호는 가뭄으로 인해 저수량이 감소하면서 조금씩 농지로 사용되기 시작하다가, 1935년 8월에 경천저수지[전라북도 완주군 화산면 성북리]가 완공됨에 따라 호수의 역할을 상실하고 대부분이 농지가 되었다.

황등호라는 명칭은 조선 후기 실학자인 유형원(柳馨遠)의 『반계수록』에 다음처럼 나온다.

| 그림 1 | 약 백 년 전 황등호 모습[1]

"호남의 인문과 물자는 중국의 소주(蘇州)와 항주(杭州)에 비할 바가 아니다. 호남의 황등제[익산], 벽골제[김제], 눌제[정읍]를 잘 관리한다면 노령산맥 이북(전북지역)은 오래도록 흉년이 없을 것이다."

유형원의 『반계수록』(磻溪隨錄)

조선 후기 학자 반계 유형원이 관직 생활을 단념하고 전북 부안군 보안면에 칩거해 52세까지 22년간에 걸쳐 쓴 통치 개혁서로, 국가 통치 전반에 걸친 개혁안을 제시한 26권 13책의 방대한 저술이다. 영조 46년(1770)에 간행되었다. 저자는 18세기 조선 사회가 파탄의 지경에 이르렀으며, 가장 큰 문제를 토지제도와 조세제도라 보고 이를 개혁할 여러 가지 방안들을 제시하였다. 하지만 그의 개혁안은 실현되지 못했다.

조선 후기 사회는 반계와 다산 같은 파탄에 이른 사회 문제를 해결할 방법들을 제시한 뛰어난 학자들을 다수 보유하고 있었으나 이들은 개혁을 진행할 힘이 없었다. 이들의 개혁안은 기본적으로 부의 재분배

1 디지털익산문화대사전

와 공평한 기회부여를 통해 사회발전의 새로운 동력을 마련해야 한다는 것이었으니 힘을 가진 기득권층이 이를 받을 리 없다.

고려 말 정도전으로 대표되는 개혁 문신세력은 이성계로 대표되는 신흥 무신세력과 손을 잡아 개혁에 성공하였는데, 이것이 조선의 창업이고 조선 초 한국 근대사의 황금기를 가져왔다.

고려 중기의 최충헌-최우의 무신 정권은 이성계 세력보다 더 강력한 힘을 가지고 있었고 문신세력과 손을 잡았으나, 그들이 손잡은 문신세력은 기득권 집단이어서 사회개혁에 성공하지 못했다. 이는 한국 현대사의 전두환-노태우로 대표되는 무신세력이 서울대 법대로 대표되는 문신세력과 손을 잡았지만, 그 문신세력이 기득권 집단이어서 개혁에 성공하지 못한 것과 유사하다.

이후 등장한 김영삼 정부와 김대중 정부는 자신들의 대중적 인기를 기반으로 개혁에 나서 한국사회를 신용사회와 정보통신사회로의 전환에 성공하여 21세기 선진국으로 가는 막차를 잡아탔다. 김영삼 정부와 김대중 정부는 집권 이전에 이미 수십 년 동안 정치를 해 왔기 때문에 한국사회의 발전을 위하여 무엇이 시급한지를 잘 알고 있었다.

14 / 홍어가 전라도 대표 음식이 된 유래

홍어는 현재 전라도에서도 특히 전남지역 대표 음식으로 알려져 있다. 그런데 비싸서 가난한 사람은 먹기 어려운 음식으로도 알려져 있다. 홍어 산지로 흑산도가 유명한데 미리 돈을 주고 주문해도 얻기 어려워 시중의 홍어 대부분은 칠레 등에서 수입한 것이다. 나주 영산포가 홍어로 유명한 이유는 흑산도 근해에서 잡아서 영산강을 따라 영산포까지 오면 먹기 딱 먹기 좋은 상태로 숙성되었기 때문이라고 한다.

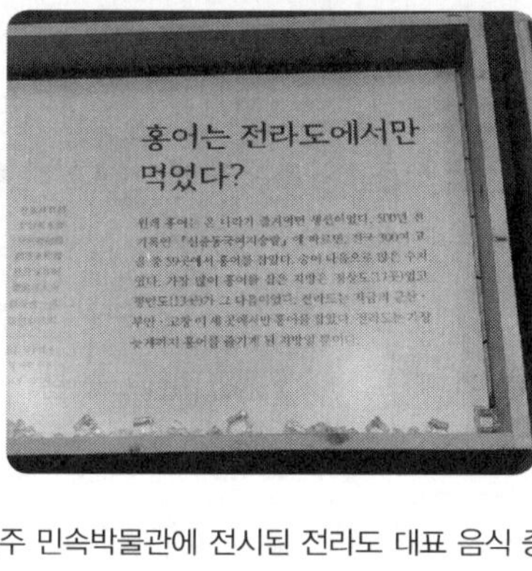

| 사진 1 | 광주 민속박물관에 전시된 전라도 대표 음식 중 홍어 소개

홍어는 항아리에 짚을 넣고 숙성시켜 장기간 저장이 가능한데, 삭히는 단계가 9단계까지 있다고 한다. 실제로 9단계까지 있는지 알 수 없으나 9는 가득 찬 것, 혹은 전부를 의미한다. 1~3단계는 삭힌 표시가 거의 나지 않고, 4~6단계가 대부분의 사람들이 즐겨 먹는 맛있는 약간 삭힌 홍어의 단계이며, 7~9단계는 상당히 진하여 마니아층이 찾는 단계라고 한다. 가격은 당연히 숙성기간이 길수록 비싸다.

홍어에 대한 기록으로는 조선 초 작성된 각 지역 풍물지인 신동국여지승람이 있다. 여기에 전국의 홍어를 잡는 대표적인 항구가 59개 나오는데, 전국에서 가장 많이 홍어를 잡는 곳이 경상도로 17곳이었고, 그 다음이 평안도로 13곳이었다. 전라도는 단 3곳(모두 전북)인데 순위에도 없었다.

결국 조선시대에 홍어는 경상도와 평안도의 대표 음식이었다는 것이다. 그런데 근대로 오면서 어떤 이유인지 몰라도 홍어가 전라도에서 주로 잡혔고, 그 결과 현재는 전라도의 대표 음식이 되었다는 것이다. 마치 과거 동해바다에서 주로 잡히던 오징어가 기후 변화로 현재 서해바다에서 많이 잡혀 충남 태안이 오징어 특산지가 된 것과 유사하다.

『동국여지승람』(東國輿地勝覽)

1486년(성종 17)에 완성된 전국의 지리, 풍속, 인물 등을 자세히 기록한 지리서다. 임진왜란 후인 1530년에 수정 보완하고 속편 5권을 합쳐 전 55권으로 『신증동국여지승람』을 완성했다. 권1~2의 京都부터 권51~55의 평안도까지 있다. 조선 전체 지도도 실려 있다. 『동국여지승람』은 法典인 『경국대전』(經國大典) 및 史書인 『동국통감』(東國通鑑)과 더불어 조선 성종 때 이루어진 편찬 사업의 대표적인 성과다.

조선 초에 집중적으로 좋은 책이 많이 간행되었는데 책의 간행은 문화 발전의 대표적인 현상이다. 나는 어느 집을 방문했을 때도 직업상 나도 모르게 그 집의 책들을 먼저 본다. 나는 내 아들이 돈을 많이 버는 사람이 되기보다 책을 많이 읽는 사람이 되었으면 좋겠다. 내가 만일 유치원과 초등학교 교육과정을 편성한다면, 1번이 체육, 2번이 음악과 미술, 그리고 3번을 책 읽기로 할 것이다.

15 / 철탑과 은하철도 999 공법

도로를 가다 보면 산꼭대기에 능선을 따라 열을 지어 서 있는 철탑들을 종종 볼 수 있다. 발전소에서 변전소로 전력을 보내는 것을 송전이라고 하고, 변전소에서 수요자에게 전력을 보내는 것을 배전이라고 하는데, 대형 철탑들은 대부분 송전탑이다.

이런 철탑을 멀리서 보아도 크지만 가까이 가서 보면 정말 거대하다. 등산로를 따라 철탑까지 올라가보면 철탑 사이에 작은 길이 나 있다는 것을 제외하면 특별한 시설이 없다. 이 많은 거대한 철탑을 설치하려면 공사기간도 수개월 걸렸을 것이고, 그동안 엄청난 양의 자재와 인력이 필요했을 텐데 도대체 산꼭대기까지 어떻게 날랐을까 하는 의문이 든다.

철탑이 한 두 개라면 헬리콥터로 나를 수도 있지만 여러 개의 철탑들이 줄을 서 있다. 설령 헬리콥터로 기자재를 공수했다고 쳐도 산꼭대기에서 수십 명이 몇 개월을 생활하려면 매일 신선한 물과 음식도 필요한데 어떻게 했을까? 수개월 헬리콥터를 대여한다면 그 비용을 감당

| 그림 1 | 산꼭대기에 줄지어 서 있는 철탑(전북 군산시).

하기 어려울 것이다.

그러면 수십 명이 수개월 동안 매일 아침과 저녁에 장비와 식량을 등에 매고 3~4시간씩 등산을 하여 올라가고 내려왔을까? 공사를 끝내면 건설 장비를 다시 가져와야 하는데 어떻게 가져왔을까? 어떻게 도로도 없는 산꼭대기에 한 두 개도 아니고 저 많은 철탑들을 세웠을까 하는 의문이 드는 나뿐만이 아닐 것이다.

우연한 자리에서 철탑 공사를 하시는 분을 만나게 되었고 자연스럽게 평소에 궁금하게 생각하던 것을 물어보게 되었다. 도로도 없는 산꼭대기에 어떻게 거대한 저 많은 철탑들을 건설하느냐였다.

그분 대답은 "은하철도 999 공법입니다."였다. 은하철도 999라는 만화영화가 있다는 것은 알지만 그런 공법이 있다는 소리는 처음 들었기에 이상하게 생각하고 다시 물었다. 그랬더니 설명해주셨다.

"은하철도 999 공법"이란 평지의 도로에서부터 철탑을 건설할 산꼭대기까지 임시 철로를 놓는다는 것이었다. 그리고 그 철로를 이용하여 공사기간 동안에 산 아래로부터 위까지 자재와 식량과 사람을 나른다는 것이었다. 이후 몇 달 후에 철탑 건설이 끝나면 철로를 철거한다는 것이었다.

그런데 산 중턱을 오르는 그 철로의 열차를 아래의 도로에서 보고 있으면, 마치 공중에 철로가 놓여있어 열차가 하늘을 달리는 것처럼 보인다는 것이다. 그래서 우스갯소리로 "은하철도 999 공법"이라고 부른다는 것이었다.(2016.07.02)

16 / 울릉공항의 케이슨 공법

현재 울릉도에 공항을 건설 중인데 공항을 건설할 평평한 육지가 부족하여 대신 평균 수심 30 m 정도 되는 바다 위에 건설하고 있다. 울릉도는 주변 수심이 깊은데 이는 항구로는 매우 유리한 조건이지만 바다에 공항을 건설하기는 매우 불리한 조건이다.

수심 30 m의 바다를 메우려면 그 높이의 구조물을 바다에 투척해야 하는데 "케이슨(Caisson) 공법"을 쓴다고 한다. 경북 포항에서 아파트 높이 12층에 해당하는 구조물을 만들어, 2만 톤급 FD(플로팅 도크)선에 싣고, 천천히 울릉도까지 5일 동안 200 km를 항해한 후 바다에 매

| 그림 1 | 국토교통부의 울릉공항 조감도. 남쪽의 사동항에 있는데, 활주로는 동서로 위치하며, 부근에 울릉도 자생식물원이 있다.

| 그림 2 | 케이슨 1함을 FD선에 실고 배로 예인하여 운반하는 그림.[1] 안전을 위하여 매우 천천히 항해한다.

립한다.

1개를 1함이라고 부르는데 케이슨 30함을 바다에 투척하여 서로 연결한다. 한 함의 규격은 (32 m) × (27 m) × (32 m) 이며, 12,700톤이다. 네 면 중 한쪽 면이 둥글고 속이 비어있다.

케이슨 바로 위에 비행기가 이착륙하는 것이 아니라 케이슨 위에 다시 20 m 높이로 활주로를 만든다. 케이슨은 속이 빈 구조물이라서 연결한 후에는 내부를 모두 메워 안정시킨다.

활주로는 가두봉이라는 해발 200 m 정도 되는 산에서 시작하는데, 이는 가두봉을 잘라 건설자재로 쓰기 위함이다. 활주로 공사가 완료되었을 때는 가두봉은 사라지고 없을 것이다.

울릉공항은 총사업비가 약 7천억 원이며, 2025년 말에 완공하고 2026년에 첫 여객기가 취항할 예정이다. 활주로의 길이는 이착륙할 수 있는 비행기의 크기를 결정하는데 폭 140 m, 길이 1,200 m다. 이 크기는 50인승 규모의 소형 여객기가 이착륙할 수 있다고 한다.

---

1 https://www.youtube.com/watch?v=tPjqCXlRAr4

일부에서 활주로 길이를 1,500 m로 하자고 하는데 300 m 연장하는 데 엄청난 추가 비용이 든다고 한다. 하지만 나중에 연장할 수 있도록 건설할 것이기 때문에 연장 문제는 울릉공항의 이용도를 보고 훗날 결정할 것이라고 한다. 기초과학은 학문적 가치만 있으면 되지만 응용학문인 공학은 반드시 경제성이 고려되어야 한다.

울릉공항 건설을 보며 동도와 서도로 나뉜 독도를 하나로 연결하는 방법은 없을까를 생각하게 되었다. 현재는 독도에서 일반인의 숙박이 불가능하지만 두 섬의 중앙을 연결하면 숙박도 가능한 시기가 올 것이기 때문이다. 단 자연환경을 훼손해서는 안 될 것이다.

17 / 가상화폐 채굴

금을 채굴(mining)한다거나 구리를 채굴한다는 말은 알겠는데 화폐를 채굴한다는 말은 무슨 뜻인가? 가상화폐 채굴은 가상화폐를 직접 발행하는 것이다. 중앙은행도 아닌데 개인이 돈을 찍어내는 것이다.

컴퓨터가 네트워크상에 존재하는 특정 암호화 코드를 풀어내고 블록체인이라는 장부에 기록하면 가상화폐를 발행하게 되는 것이다. 이 블록체인이란 가상화폐의 거래 내용이 기록된 공개 장부다. 다음은 가상화폐 전문가의 가상화폐 채굴에 대한 정의다.

> 가상화폐 채굴은 컴퓨터를 장비로 하여 가상화폐 도메인에 매장하여 놓은 암호화된 알고리즘을 컴퓨터 프로그램을 이용해서 풀면 됩니다. 그 프로그램을 채굴 소스라고 부릅니다. 그리고 이 과정을 채굴이라고 부릅니다.

또 하나의 흥미로운 것은 가상화폐는 방사성 물질처럼 채굴하면 돈을 주는데, 그 주는 돈의 양에 반감기가 있다는 점이다. 반감기란 총량

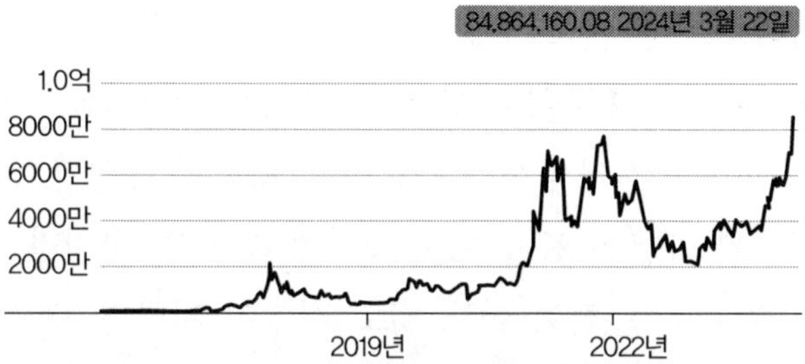

| 그림 1 | 대표적 가상화폐인 비트코인(BTC)의 5년간 가격 동향. 현재 개당 무려 8천만 원이다.

이 일정한 경우에 나타나는 개념이다. 총량을 일정하게 하는 것은 대부분 가치 보존을 위해 하는 일이다.

> 전체 발행량이 제한된 비트코인은 약 4년을 주기로 채굴 보상이 절반으로 줄어드는데, 이를 비트코인 반감기라고 부른다. 비트코인은 일정 수량이 유통되면 채굴 보상이 절반으로 떨어지도록 설계되어 있다.
>
> 2009년 1월 비트코인이 처음 나왔을 때는 한 블록당 50 BTC가 주어졌는데 2012년에는 25B TC, 2016년에는 12.5 BTC로 줄어들었다. 2020년에는 6.25 BTC로 줄어들었으며 이후 2040년께에는 채굴이 종료될 예정이다.
>
> [네이버 지식백과]

화폐란 중앙정부에서 가치를 보장해 준다. 그러면 가상화폐는 누가 가치를 보장해 주는가? 총량 일정의 법칙이 보존해 주는가? 아니다. 그보다 소유자가 서로 신뢰를 보장해 준다는 것인데, 재화를 앞에 두고 상호신뢰가 이루어진다는 것은 참 대단한 것이다.

컴퓨터가 암호를 풀면 가치를 인정해 준다는 것인데 누가 문제를 내는지 궁금하다. 전 세계적으로 가상화폐 채굴이 이루어지고 있는데 가장 많은 채굴은 역시 중국에서 이루어지고 있다고 한다.

채굴에 들어가는 전기세가 비싸므로 앞으로는 태양광 같은 신재생에너지를 이용한 채굴이 붐을 이룰 것이라고 한다. 하지만 채굴보상비용에 대한 반감기로 인하여 어느 정도 시간이 지나면 채굴은 멈출 것이다.

가상화폐를 인정할 것이냐 아니냐는 더 이상 의미가 없다, 이미 화폐의 기능을 하고 있기 때문이다. 나아가 미국의 달러화가 2차 대전 이후 지금까지 국제 기축통화(국제 결재통화) 역할을 하고 있는데 이 기축통화 개념도 곧 사라질 것이라고 한다. 지금은 전신으로 숫자만 보내고 받으므로, 금이든, 은이든, 어느 나라 화폐든 기준만 정해주면 거기에 맞추어 숫자를 보내주고 받으면 그만이기 때문이다.

18 / 미국과 중국의 반도체 전쟁과 아이폰

자유무역을 건국의 기치로 내세웠지만 오늘날 자유무역과 가장 반대로 가는 나라가 미국이다. 미국은 자기 말을 듣지 않는 나라들에 대하여 불량국가로 지정한 후, 무역규제를 발동하여 수출입 물자를 통제하는 등 경제봉쇄를 시행하고 있다. 미국 이전에 자유무역을 금지한 나라는 나폴레옹의 프랑스, 히틀러의 독일 등 당시 패권국이었는데 결국은 다 실패했다.

미국이 중국으로 들어가는 반도체와 반도체 장비를 제한하자 중국에 가장 많은 반도체를 파는 우리나라에 불똥이 튀었다. 중국은 40조라는 막대한 자금을 동원하여 자체적으로 반도체 생산 공장을 세우고 반도체를 생산하여 10년 내 반도체 독립을 이루겠다고 하고 있다. 그리고 앞으로 10년 후 중국에 반도체를 못 팔면 누가 손해 볼 것이냐고 묻고 있다.

반도체가 가장 많이 사용되는 곳이 휴대전화 시장이다. 중국의 화웨이(Huawei)가[1] 휴대전화를 생산했는데 7-나노급 반도체를 탑재했다고 한다. 그런데 이번에 새로 나온 애플의 아이폰 15는 7-나노급보다 더 정밀한 3-나노급이다.

한국과 대만의 반도체 제조 기술은 현재 3-나노급, 중국은 7-나노급, 일본은 40-나노급이라고 한다. 일본이 미국의 도움을 받아 다시 반도체에 투자하는 중인데 일본은 디지털화가 너무 뒤져서 따라가기 어려울 것이라고 한다. 일본은 심하게 고령화되었고 무엇을 바꾸려 하지 않는 보수적인 습관 때문에 초를 다투는 산업인 반도체에 맞지 않는다는 것이다. 미국은 차라리 젊고 IT에 관심이 많은 북한에 투자하는 것이 한반도의 평화를 유지하고 반도체 산업을 비약적으로 일으킬 가능성이 더 크다.

아이폰이 3-나노급 탑재했으니 7-나노급 탑재한 화웨이폰보다 훨씬 더 잘 팔릴 것 같으나, 7-나노나 3-나노나 일반적인 휴대전화 사용에는 별 차이가 없다고 한다. 시간이 걸릴 뿐 중국도 결국 3-나노급 반도체를 만들 것이다.

전 세계 아이폰의 20%가 중국에서 팔린다. 그런데 미국의 중국으로의 반도체 및 반도체 장비 수출 규제에 대항하여 중국이 자국 내 아이폰 판매를 제한하자, 아이폰을 주로 중국 공장에서 생산해 왔던 애플사는 인도로 공장을 옮긴다고 한다. 애플사가 인도로 공장을 옮기는 이유는 인도에서 제작하는 것이 생산 단가가 훨씬 싸기 때문이다. 그런데 애플사 주가는 폭락했다. 그만큼 애플사에게 중국 시장은 큰 것이다.

미국과 중국 사이의 경제 전쟁이 어떻게 끝날지는 모르나 자유무역

---

1 중국의 전자제품 및 통신장비 제조 기업. 1987년 설립된 비상장 민간 기업으로 전 세계 거의 모든 국가에서 약 20만 명의 직원들이 근무하고 있다.

애플, 아이폰15 인도 생산… '脫중국' 가속

아이폰14 이어 최신 제품 생산 늘려
2분기 판매량 1년 전보다 50% 급증 '최고치'
中 의존도 줄이기고, 베트남 등 생산 다각화 총력

| 그림 1 | 애플사의 반도체 공장 인도 이전 기사

을 통제하는 것은 결국은 실패한다. 중국사에서도 인간과 인간 사이의 교류를 막은 만리장성이 최악의 토목공사였고, 반대로 인간과 인간 사이의 교류를 촉진한 대운하가 최선의 토목공사였다. 오늘날 만리장성은 관광목적 외에는 별 가치가 없으나, 대운하는 14억 중국인을 먹여 살리고 있다.

일본의 우리나라에 대한 반도체 부품 및 설비 수출 금지가 결국은 우리나라의 반도체 소부장(소재, 부품, 장비) 기술 독립을 이루었듯이, 미국의 중국에 대한 반도체 기술 봉쇄는 결국 중국의 반도체 기술 독립을 빨리 가져올 뿐이라서 오히려 중국을 도와주는 일이다. (2023.09.14.)

19 / 상온 상압 초전도체 LK99 소동과 전자공학의 진화

최근 우리나라에서 LK99라고 이름 붙인 상온 상압 초전도체를 만들었다고 해서 시끄럽다. 초전도체란 말 그대로 전기저항이 0인 도체다. 그런데 이것이 극저온과 극고압에서만 가능하여 실제 생활에 사용하려면 비용이 많이 들어 경제성이 부족하다.

만일 보통 온도와 대기압에서 초전도가 가능하게 된다면 실생활에 혁명이 일어나게 된다. 전기저항이 사라지면 송전에서부터 전력의 저장에까지 엄청난 이득이 발생한다. 전기저항 때문에 열이 발생하는데 이런 것이 사라지니 휴대전화를 비롯한 모든 전기기기의 효율이 급격

| 그림 1 | 연구단에서 공개한 샘플의 한쪽 끝이 바닥에 붙어있는 이 사진만으로는 반자성이지 초전도체는 아니다. 초전도체는 안정적으로 공중에 떠 있어야 한다.

히 올라간다.

상온 초전도체를 제작했다고 주장한 연구단이 발표한 논문의 [그림 1]과 같은 사진이나 데이터는 우리가 아는 전기저항이 0인 초전도체는 아니다. 저항이 완전히 0이 되어야 마치 영구기관처럼 전력이 영원히 저장된다.

만일 내가 논문을 썼으면, 그래서 10^{-10} 오옴이라도 저항이 존재했다면, 초전도체가 아니라 준 초전도체 등 다른 이름으로 불렀을 것이다. 그러면 지금 같은 논란은 안 생겼을 것인데 이를 초전도체라고 하니 문제가 생긴 것이다.

국내에서든 국외에서든 다 검증에 나설 것이고 이미 검증에 나서고 있다. 미국에서 전산모사(컴퓨터 시뮬레이션)로 LK99가 초전도체 가능성 있다고 발표했는데 전산모사는 컴퓨터에 적당한 입력 값을 넣고 결과를 예상하는 것으로 참고용이지 증명이 아니다.

과학실험은 시간과 공간의 제한 없이 재현될 때만 사실이다. 샘플 만드는데 2~3주 정도, 측정하는데 또 2~3주 정도 걸릴 것이다. 그러면 한 달이면 결과가 나온다. 전 세계에 초전도체를 연구하는 연구단은 수없이 많다. 따라서 누가 초전도체 관련하여 획기적인 무엇을 했다고 하면 금방 진위가 확인된다.

LK99는 지금까지 단 한 번도 초전도체의 성질을 보여준 적이 없다. 그러면 그 기술에 의한 상온 초전도체 논란은 이미 끝났다고 보는 것이 합당하다. 아직도 미련을 가지고 있는 사람들은 충분히 그 심정을 이해하지만 이제는 더 이상 뉴스거리가 안 된다.(2023.08.04.)

20 / 전자공학의 시대에서 메타공학의 시대로

나는 꿈의 물질이라는 상온 상압 초전도체에 회의적인 입장이다. 그러면 이 꿈의 물질은 더 이상 불가능하느냐 하면 그렇지는 않다. 아예 전혀 다른 방식으로 접근하면 된다.

도선에 저항이 생기는 근본적인 이유는 전자를 운반자로 쓰기 때문이다. 이것이 백 년 동안 해 온 전자공학(electronics)인데 만일 운반자로 광자(빛 알갱이, photon)를 사용하면 저항을 고민할 필요가 없다. 이것이 메타공학(metatronics)인데 현재 연구가 실용화 직전에 와 있다.

전자대신 광자를 사용하게 되면 저항이 없어진다는 것 외에도 여러 가지 장점이 있다. 회로에는 직렬연결과 병렬연결이 있는데 광자를 사용하게 되면, 빛을 조사하는 방향에 따라 연결이 결정되므로 직렬 35%에 병렬 65% 연결 같은 것도 가능하게 된다. 즉 기존의 직렬이나 병렬의 개념은 없어진다.

임피던스란 파동이 매질을 지나갈 때 매질을 구성하는 물질이 얼마나 같은 물질인지, 만일 다르면 얼마나 다른지를 측정하는 척도다. 그래서 임피던스 차이가 작을수록 별다른 일을 하지 않아 에너지 소모가 적다. 반면에 임피던스 차이가 클수록 많은 에너지를 소모하여 일을 한다.

전자공학에서는 전기유전율(ε)과 자기투자율(μ)의 비가 임피던스(impedance, $Z = \sqrt{\mu}/\sqrt{\epsilon}$)인데 이것은 원자를 하나씩 붙여서 조절해야 하므로 대단히 어렵다. 그래서 어쩔 수 없이 R, L, C 소자를 대신 사용하여 임피던스를 조절한다. 만일 원자를 하나씩 연결하여 전기유전율과 자기투자율로 직접 임피던스를 조절할 수 있게 되면 R, L, C 소자는 물론이고 도선도 없앨 수 있다. 도선이란 전기전도도가 서로 다른 세상을 구분하는 것인데 도선도 사라진다.

기계공학도 전자공학과 유사하게 물질이 얼마나 무거운지를 결정하는 밀도와 얼마나 잘 휘어지는지를 결정하는 압축률(탄성계수의 역수)로 임피던스를 조절한다. 따라서 전기/전자공학과 기계공학을 같이 다음처럼 정의할 수 있다.: "물체에 장(field)을 걸고 임피던스를 조절하는 학문 분야." 단 전기/전자공학은 장이 전기장과 자기장이고 기계공학은 압력이나 온도 같은 것들이다.

운반자로 전자 대신에 광자를 사용하면 열이 나지 않게 되므로 전력 사용을 획기적으로 줄일 수 있다. 또 원자를 조합하여 임피던스를 조절할 수 있게 되면 소자의 크기를 현재의 백만분의 일 크기로 줄일 수 있다. 오늘날 컴퓨터는 중앙연산장치에 기가급(GHz) 주파수를 거는데 만일 1,000배 빠른 테라급(THz) 주파수를 걸면 소자의 크기를 1/1,000으로 줄이지 않는 한 열이 나서 사용할 수 없다.

그런데 만일 소자 크기를 백만분의 일로 줄이면 기가급(GHz)보다 무려 백만 배 빠른 페타급(PHz) 주파수를 사용할 수 있는데 페타급 주파수란 가시광선 주파수다. 그러면 회로가 빛이 있는 곳에서는 저절로 충전이 되므로 배터리가 필요 없어진다. 아무리 배터리를 잘 만들어도 배터리 없이 동작하는 것만 못하다.

나는 수업시간에 가시광선의 파장과 주파수를 다음처럼 가르친다. 파장과 주파수를 곱하면 광속이다. 즉 3×10^8 m/s다. 기억이 오래 가려면 가능한 한 단순하고 간단명료하게 이해해야 한다.

- **가시광선 파장 :** 400 nm~750 nm
- **가시광선 주파수 :** 400 PHz~750 PHz

메타공학은 전자 대신에 광자를 사용하고 R, L, C 대신에 전기유전율과 자기투자율로 임피던스를 조절하는 것이므로 원자물리학 발전이 뒷받침되어야 한다. 그리하여 소자의 크기를 줄이고 에너지 소모도 줄이는 것이다.

그러면 생활에 혁명적 변화가 일어나는데 휴대전화를 예로 들면 다음과 같다. 우선 휴대전화의 크기가 옷에 꽂는 핀 크기로 줄어들 것이다. 전화기의 액정도 필요 없다. [그림 1]의 영화 스타워즈처럼 홀로그

| 그림 1 | 영화 스타워즈의 홀로그램 통신 모습. 휴대전화 액정이 사라지고 이와 같이 통신할 것이다.

램을 켜서 3차원으로 구현하고 다시 끄면 되기 때문이다. 나는 약 20년 남았다고 본다.

1980년대에 대학원 다닐 때 잭슨(J. D. Jackson)이 쓴 전기자기학을 교재로 공부했는데, 이 책은 전기자기학을 R, L, C 없이 전기유전율과 자기투자율로 기술하였다. 당시에는 별로 쓸모 없는 것을 배운다고 생각했으나 지금 생각해 보면 50년을 앞서간 책이었다. 저자가 존경스러울 뿐이다.(2023.09.19.)

21 / 일론 머스크의 스페이스 링크

오늘날 현대 기술은 일론 머스크(Elon Musk)를 빼고 이야기할 수 없다. 일론 머스크는 남아프리카공화국 출신의 사업가로 전기차로 유명한 테슬라 자동차와 민간 우주선 발사로 유명한 스페이스 엑스의 사장이다. 심지어 트위터도 그의 것이다. 위키페디아를 검색해 보니 그의 약력은 다음과 같다.

* Elon Reeve Musk

- **출생:** June 28, 1971; South Africa
- **국적:** South Africa, Canada, United States
- **출신대학:** University of Pennsylvania (BA, BS)

(1) Founder, CEO, and chief engineer of Space-X

(2) CEO and product architect of Tesla, Inc.

(3) Owner and CTO of X, formerly Twitter

(4) President of the Musk Foundation

(5) Founder of The Boring Company, X Corp., and xAI의 다수

그는 재산을 물려받은 것도 아니고 스스로 이루어 50대 초의 나이에 정말로 대단한 일을 하고 있다. 전 세계 자동차공장은 20년 이내에 전기차와 수소차만 생산하게 된다. 휘발유와 경유 같은 화석 연료를 사용하는 차량의 시대가 끝나는 것이다. 돌이 부족해서 석기시대가 끝난 것이 아니듯, 석유가 부족해서 석유시대가 끝나는 것이 아니다(야마니, 故 사우디아라비아 석유장관).

바다에서도 마찬가지인데 중유를 사용하는 선박의 시대가 가고 LNG(액화천연가스)를 연료로 사용하는 시대가 오고 있다. LNG선은 영하 162도로 연료를 저장하여 운행하는데 매우 어려운 기술이다. 머스크는 이를 미리 내다보고 먼저 간 것이다.

더 놀라운 것은 그의 민간 우주선 발사인데 스페이스-링크라는 사업이다. 우리는 인터넷을 자유롭게 사용하지만 바다 한복판에서도 사용할 수 있을까? 바다에서 기지국, 즉 중계소가 없기 때문에 인터넷이나 휴대전화를 사용하려면 인공위성을 빌려 써야 하는데 아주 비싸다. 또 아무 때나 인공위성을 사용할 수 있는 것도 아니고 인공위성이 머리 위에 있을 때만 사용할 수 있다.

머스크는 인공위성을 아주 많이 쏘아 올려 지구 전체를 덮는 링크를 만들어, [그림 2]처럼 어디서든, 또 언제든지 인터넷을 사용할 수 있는 환경을 만들었다. 그러면 이제는 소득 올리는 일만 남았다. 그런데 이것은 돈에서 끝나는 것이 아니다. 현대는 정보가 돈이고 권력이어서 정보를 장악한 자가 부와 권력을 장악한다. 스페이스 링크를 완성한 순간 머스크는 임기 없는 지구 최대의 권력자가 된 것과 같다.

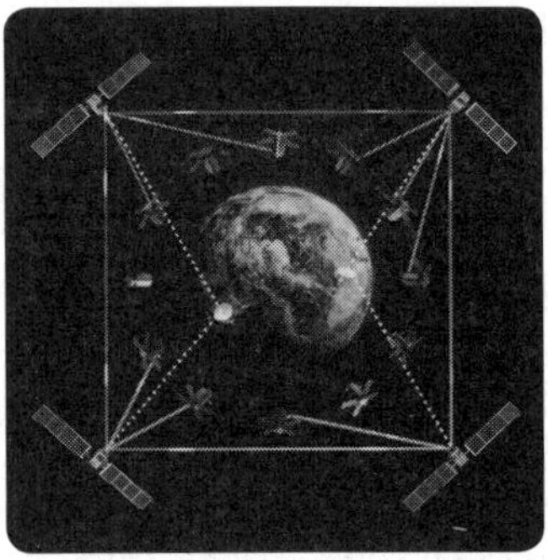

| 그림 1 | 4개의 인공위성을 이용한 스페이스 링크 개념도. 초고속 인터넷을 언제든지 어디서든 사용할 수 있다.

그의 기술력과 동력은 수없이 많은 실패에서 나왔다고 본다. 한 예가 우주선 재사용이다. 한 번 발사에 엄청난 비용이 드는 우주선을 발사 후 회수하여 재사용할 수 있는 방법을 개발하였고, 그 결과 발사 비용을 무려 90%까지 줄였다고 한다, 지금은 화성 탐사용 우주선 발사를 계획 중인데, 또 많은 실패를 하겠지만, 이런 과정을 통하여 우주선 기술이 점차 발전할 것이다,

22 / 북극 항로

지구온난화로 북극해의 얼음이 녹다 보니 북극을 통해 배가 다닐 수 있고 우리에게는 유럽에 갈 수 있는 새로운 길이 열렸다. [그림 1]의 북극 항로를 이용하면 싱가포르와 수에즈 운하를 이용하는 것보다 30% 이상 시간과 비용이 절감된다.

| 그림 1 | 우리나라에서 유럽까지 가는 북극항로. 중앙의 흰 부분은 얼음의 북극해다.[1]

1 북극해의 모양과 크기는 대척점에 위치한 남극대륙과 비슷하다. 마치 위에서 눌러 아래가 튀어나온 형상인데 이유가 무엇일까?

싱가포르는 태평양과 인도양을 연결하는 해상교통의 요충지로 수많은 배들이 그 앞 바다를 지나가면서 물자 보급을 받기 때문에 위치로 먹고 산다. 말레이시아를 식민 통치하던 영국이 2차 대전 후 말레이시아가 독립할 때, 말레이반도 끝단을 분리하여 영국에 유학하고 있던 화교 출신 변호사에게 통치를 맡긴 것이 오늘날의 싱가포르다.

북극 항로 개설에는 아주 중요한 조건이 하나 있다. 유럽에 가려면 러시아 영해를 통과해야 한다는 것이다. 거기서 연료와 물과 식량 등 보급도 러시아 항구에서 받아야 한다는 것이다. 러시아 영해를 피해서 가려면 북극해 가운데로 얼음을 깨면서 가야 하는데 이는 비경제적이다.

러시아와의 교역량은 우크라이나와의 교역량의 백배 이상이다. 즉 우리에게는 러시아가 우크라이나보다 백배 이상 중요한 나라다. 이것이 현재 러시아와 우크라이나가 전쟁 중인데 우리가 우크라이나에 무기를 지원하지 않는 이유이기도 하다.

하지만 우리의 동맹국이라는 미국을 비롯하여 유럽의 여러 나라들이 우크라이나 편에 서 있고 미국은 우리에게 눈치를 주고 있으니 우크라이나를 안 도울 수도 없는 난처한 처지다. 이런 곤란한 상황을 외교적으로 현명하게 해쳐나가야 할 것이다.

우리가 살려면 우리나라에서 유럽까지 기차로도 가고 자동차로도 운전하고 가야 한다. 그리하여 우리가 세계 물류의 중심이 되어야 한다. 내 생전에 서울에서 파리까지 자동차를 운전하며 가는 날이 왔으면 좋겠다.(2022.12.17)

23 / 거꾸로 붙어 가는 얼음 자동차

물은 4도에서 가장 밀도가 크고, 0도 얼음이 되면 오히려 팽창하여 밀도가 물보다 8% 정도 작아져 물에 뜬다. 즉 밀도가 물은 1.0 g/cm^3이고 얼음은 0.92 g/cm^3다. 이래서 온도가 내려가면 물 위쪽부터 어는데, 이것이 아무리 추워도 물속의 생명체가 살 수 있는 이유다. 얼음 윗면은 공기를 접촉하고 아랫면은 물을 접촉하고 있어, 얼음이란 물의 세계와 공기의 세계의 분리점이자 두 세계를 연결하는 통로다.

자동차의 바퀴는 차 몸체의 객실 아래에 붙어 있는 것이 상식이다. 그러면 자동차 바퀴가 객실 위에 붙어 있는 차는 없을까? 예를 들면, 케이블카는 객실 위에 고리가 있어 케이블에 고정되어 있고 그 케이블이 움직이는 것이지 고리가 스스로 움직이는 것이 아니므로 바퀴가 아니다.

바퀴가 몸체 위에 붙어 있는 차가 나왔다. [그림 1]의 얼음 자동차인데 부력으로 물속에서는 떠서 바퀴를 몸체 위의 얼음에 대고 이동한다. 즉 몸체를 물속에 담그고 바퀴를 위쪽 얼음에 붙여 굴러 이동한다.

| 그림 1 | 얼음 아래 면을 타고 이동하는 얼음 자동차.[1]

몸체 위에 바퀴가 붙어있는 얼음 자동차는 미래에 얼음으로 덮인 천체의 얼음 아래 바다를 탐사하는데 사용될 것이다.

1 Youtube

24 / 광주 무등산 '노무현길'과 커피농장

대도시 주변에 국립공원을 가지고 있는 도시는 북한산을 가진 서울, 계룡산을 가진 대전, 팔공산을 가진 대구, 그리고 무등산을 가진 광주다. 무등산은 부근에 지하철역인 증심사입구역이 있어 광주에서 주말에 가장 부담 없이 가기 좋은 산이다.

무등산이라는 이름은 등급이 없다는 뜻인데 이를 두고는 해석이 제각각이라 통일된 의견이 없으나 대체로 '원탁의 산'이라는 뜻이다. 정상이 해발 1,187 m라서 무등산 가는 버스 번호가 1187번이다. 과거에는 정상부에 군부대가 있어 출입이 통제되었는데 지금은 자유롭게 올라갈 수 있다.

무등산에는 증심사와 원효사라는 절이 유명한데 전혀 다른 곳에 있다. 이 중에 걸어서 갈 수 있는 곳은 증심사다. 원효사는 산 중턱에 위치하여 차를 타고 가야 한다.

증심사입구역에서 걸어서 30분 정도 가면 증심사 주차장이 나오고, 여기서 다시 30분을 걸어가면 증심사가 나온다. 대부분 사람이 증심사

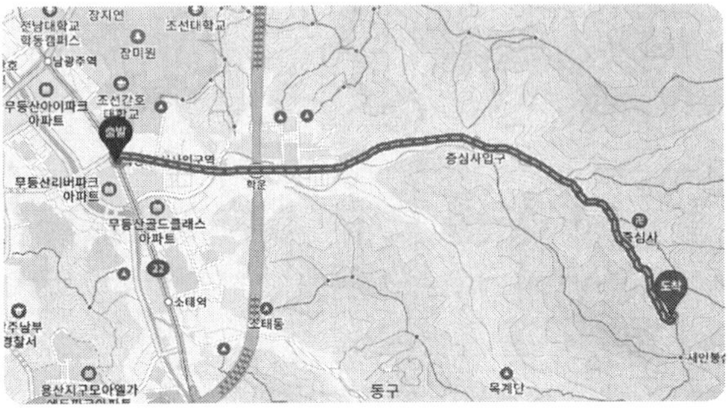

| 그림 1 | 증심사입구역에서 약사암까지 가는 길, 도보로 편도에 약 1시간 20분 걸린다.

에서 멈추는데 15분만 더 올라가면 약사암이라는 작은 절이 있다. 증심사까지는 평지지만 증심사에서 약사암 가는 길은 오르막이라서 잘 안 가는데 약사암까지 가보기를 추천한다.

중간에 '노무현길'이 있는데 2007년에 노무현 대통령이 시민들과 함께 걸어서 올라간 것을 기념하여 이름 붙였다. 대통령이 되기 전에 광주에 초청강연을 왔을 때, 자신이 대통령이 되면 무등산을 오르겠다고 한 약속을 지킨 것인데 현직 대통령이 무등산을 오른 유일한 경우라고 한다.

산을 오르다 보면 고도가 낮은 곳은 소나무 등 키 큰 교목지대가 나온다. 그러다 점차 올라가면 키 작은 나무들과 수풀들만 있는 관목지대가 나오는데 한라산 정상부가 대표적이다. 무등산은 정상부에 넓은 관목지대가 있고, 서석대, 입석대, 광석대 등 수직으로 서 있는 주상절리(columnar joint)를 볼 수 있다. 주상절리는 주로 육각형 돌기둥들이 집단으로 서 있는 모습인데, 마그마가 급격히 식으며 만들어져 특히 해안가에 많다. 우리나라에서는 제주도 남쪽 해안에 특히 잘 발달되어 있다.

| 그림 2 | 2016년 11월 13일, 무등산 노무현길 제막식[1]

커피나무는 아열대 작물로 아프리카와 남미가 주산지인데 오늘날 우리나라 음료 시장의 최대 상품이다. 내가 마시는 커피양이 얼마나 되는지는 모르나, 이가 색이 변할 정도로 많이 마셔, 의사가 커피 마시면 이를 닦아주고 안 되면 물로 헹구기라도 하라고 한다. 당연히 내가 마시는 커피는 모두 수입품이다.

만일 무등산에 커피를 생산하는 커피농장이 있다고 하면 대부분 안 믿을 것이다. 나도 처음에 그 말을 들었을 때는 커피 생산 가능성을 위한 학술연구를 하는 정도로 알았다. 그런데 대량으로 커피를 생산하여 판매한다는 것이다. 우리나라 기후가 변한 결과인데 이제는 파인애플과 바나나도 국내 생산이다.

이 무등산 커피농장은 충효동 평촌 마을에 있는데 규모는 약 495 ㎡에서 150주의 커피나무를 키우고 있다고 한다. 자라는데 일조량과 온도가 가장 중요하며, 적정 생육온도는 봄과 가을 기온인 15~25도라고 한다. 온도가 너무 높거나 낮으면 커피가 열리지 않으며, 심하면 나무가 죽는다고 한다. 이런 온도라면 여름에 기후가 너무 덥지 않은 산간

1 https://v.daum.net/v/20161113143628062

| 그림 3 | 국내 최대의 커피농장은 전남 화순군에 있다.[2]

지대에서 겨울에 비닐하우스에서 잘 관리해 주면 재배할 수 있지 않을까 생각된다.

뉴스를 보니 사장님은 젊은 분으로 새로운 도전을 하고 계시다. 무등산에는 조용한 호텔과 한옥 게스트하우스 등 좋은 숙박시설도 많다. 농장에 가면 무료 시음도 가능하다고 한다. 국내의 커피 생산은 전남지역에서 시작했지만 현재 전북지역을 거쳐 전국으로 확산 중이다.

---

2 Youtube

4부

교육과 미래

우리나라 교육정책을 담당하는 교육부 홈피. 'Ministry of Education'이라 moe라 한다.

01 / '인간과 우주' 강의

코로나로 인하여 온라인 비대면 강의가 엄청난 발전을 이루었다. 많은 대학들이 온라인 강의 과목이 필요하다 보니 광주/전남 지역 대학들을 위한 공동과목 개발이 이루어지게 되었다. 대학별로 광주 동명동에 있는 스튜디오에 교수를 파견하여 여러 대학들이 공동으로 사용할 수 있는 과목을 녹화하는 것이다.

학교 본부에서 소정의 녹화비가 주어지니 교수들에게 지원하라고 연락이 왔는데 아무도 지원하는 사람이 없었다. 그러다보니 강의평가 점수가 매우 낮은 나 같은 교수에게도 기회가 왔다.

내가 혼자 지원하여 선정되었고, 2021년에 '인간과 우주'라는 제목으로 2학점 과목을 녹화하게 되었다. 교재는 이전 책인 『과학의 쉬는 시간』으로 했지만 교재의 순서를 따라가지는 않았다.

매주 1회에 5시간씩, 광주 동명동 스튜디오에 가서 여러 사람들이 보고 있는 가운데, 서서 카메라들을 보고 강의하는 장면을 촬영했다. [그림 1]이 녹화 스튜디오 모습인데 뒤에 녹색 화면이 있고 앞에는 컴

| 그림 1 | 2021년 2학기에 진행한 '인간과 우주' 과목의 녹화 모습. 뒤 배경이 녹색 스크린이다. 앞의 컴퓨터 모니터에 내가 가져온 ppt가 떠 있어 리모콘으로 한 장씩 넘기며 설명한다.

퓨터 모니터가 있어서 내가 준비해 온 ppt를 띄워놓고 화면을 보고 강의하는 방식이었다. 그리고 앞에서 촬영기사가 약속된 여러 가지 신호를 주면 그 신호에 맞춰 녹화하였다. 그 과정에서 NG가 나면 다시 찍는다. 촬영 전에 간단한 화장과 복장 점검을 하였는데 촬영에 적합하지 않은 복장들이 있기 때문이다.

강의를 오래 하면 누구나 몸에 밴 버릇이 생기데 정작 자신은 그런 것들을 모른다. 그리고 이런 수십 년 된 몸에 밴 습관이 하루아침에 고쳐지지 않는다. 녹화를 감독하시는 분이 내게 말하는 습관이나 몸짓 등에 대하여 여러 가지 조언을 해주셨다. 강의는 오래 했지만 발음부터 시작하여 모든 것에 대해여 일일이 지적해주는 경우는 이번이 처음이었는데 굉장히 도움이 되었다.

나 외에도 광주/전남지역 여러 교수님들이 와서 녹화를 하였는데, 촬영 중 알게 된 것은 나는 다른 분들에 비하여 사투리를 비롯하여 그런 몸에 밴 강의에 부정적인 버릇들이 적었다는 것이다. 따라서 다른 사람들보다 NG가 적게 났고 녹화는 일정대로 척척 진행되었다.

총 30회분을 녹화했는데 녹화가 끝나면 편집부에서 그래픽 전문가들이 편집하고, 그 편집된 영상을 내가 감수하고 수정하는 방식으로 진행되었다. 강의 내용은 무료 대학 강좌 사이트인 KOCW에 가서 “인간과 우주” 또는 “김상훈”을 검색하면 누구나 들을 수 있다. 대학 강좌라고 하나 고등학교 재학생 이상은 충분히 재미있는 시간을 가질 수 있을 것이다.

02 / '전기기사를 위한 전기자기학' 강의

퇴직하면 현직에 있을 때 월급의 약 절반에 해당하는 연금을 받으며 평안한 노후를 보낼 것이라는 꿈은 이루어지지 않을지도 모른다. 연금이 고갈되어 한 10년 받다가, 뚝 떨어져 한 1/5만 받는다든가 하는 수도 있기 때문이다.

나는 삶이란 '일을 하는 것'이라고 생각한다. 퇴직 후에 일을 하려면 무엇이든 자격증이 있어야 한다는 말을 듣고 qnet이라는 곳에 가서 이 나이에 딸만한 자격증이 무엇이 있는가를 살펴보게 되었다.

사람들로부터 전기기사가 좋다는 말을 듣고 동차로 1, 2차를 한 번에 모두 합격하고 생전 처음 자격증이라는 것을 갖게 되었다. 다음 해에는 소방설비전기기사가 좋다고 하여 또 쳐서 다시 동차로 1, 2차를 한 번에 합격했다.

이런 시험은 주어진 시간 내에 빨리 문제를 풀어야 하므로 순발력이 중요한데, 나이가 있어도 끊임없는 연습을 통하여 순발력을 증진시킬 수 있다. 열역학이나 유체역학이니 이런 것들은 기사시험 수준에서는 아직도 한 두 달이면 충분하다. 액체 헬륨을 다루는 양자유체 책을 보다가 물을 다루는 유체역학 책을 보면 대학생이 초등학생 책을 보는 것과 비슷하다.

전기기사를 준비하면서 응시자들이 가장 어려워하는 과목이 전기자기학이란 것을 알게 되었다. 전기자기학은 전기 전공자만이 아니라 공학 전 분야 학생이 공부해야 하는 전기현상의 기본 지식이다. 그런데 전기기사용 전기자기학 교재를 펴보면 책 전체가 수식으로 되어 있고 암기하라고 하여, '이것을 다 어떻게 외우지?' 하고, '과락(40%)만 면하자.'라고 생각하는 것이 현실이다.

하지만 내 생각은 기사시험용 전기자기학은 외울 필요가 없다는 것이다. 대학에서 1년 동안 배우는 전기자기학에서 전기기사 시험에 나오는 분야는 가장 쉬운 분야로 약 30%에 불과하다. 시험이라면 외우느라 죽겠는데 또 무엇을 더 외운다는 말인가? 그래서 약 30분 정도의 동영상 38개로 구성된 전기자기학 강의 동영상을 시리즈로 올렸다.

[그림 1]처럼 전자칠판을 빌려다 쓰면서 약 2달 동안에 혼자서 다 했다. 제목도 "외울 것 없는 전기자기학"이다. 3회 정도만 반복해 보면 하나도 외우지 않고 시험장에 들어가도 누구나 80% 이상 득점하는

| 그림 1 | KOCW에 있는 필자의 "외울 것 없는 전기자기학" 강의 모습. 전자자기력은 중력과 비교하고, 또 전기와 자기를 상호 비교하며 수업한다.

방법이다.

“아니, 전기자기학을 하나도 안 외우고 시험을 봐? 유명 전기 학원 강사들은 필수 암기 수식이라고 하여 60% 득점을 위한 꼭 외워야 할 공식 50개 정도를 정리해 주는 것이 보통인데 하나도 안 외우고 전기자기학에서 80%라? 그것이 가능할까? 전문 강사들에게 물어보아도 절대로 불가능하다고 이야기할 텐데.”

나는 환갑이 넘었지만 전기자기학 20문제 중에 한 개 틀려 95% 득점했다. 억지로 외우지 않아야 높은 점수를 받는다. 외울 필요가 없을 때 비로소 그 분야에 정통한 수준이 되는 것이다.(2022.12.14)

03 / 발표수업과 동료평가

최근에는 교육계 경향에 맞추어 학생들의 동료평가라는 것을 도입했다. 발표 점수인 경우 학생들이 자신의 조를 제외한 다른 발표 조 각각에게 점수를 주는 것이다. 교수는 진행만 하고 평가는 하지 않는다.

학생들은 평가를 해야 하므로 동료들의 발표를 단 한 명의 조는 사람도 없이 집중하여 듣고 질문 세례까지 쏟아내는 효과가 있다. 또 자신들이 한 평가라서 평가 결과에 대하여 이의제기도 없다.

단 이런 발표수업과 동료평가는 한 학기 수업 중에 1~2 차례만 가능하다. 더 하게 되면 예정된 진도를 맞출 수 없기 때문이다. 학생들에게 동료평가의 결과만 알려주지 구체적으로 누가 누구에게 어떤 평가를 했는지는 공개하지 않는다.

동료평가를 하게 되면 학생들은 서로 협력하지 않고는 좋은 성적을 받을 수 없다. 우리는 학교에서 경쟁은 많이 가르치는데 협력을 가르치는데 인색하다. 하지만 졸업하면 어느 직장을 택하건 협력이 매우 중요하다. 서로 협력하면 개인 혼자서는 못하는 일들도 거뜬히 해낼 수 있다.

이것은 훗날 연구자가 되어 함께 연구할 할 때도 영향을 미치게 된다. 공동으로 연구하다 보면 자기의 작은 이익에 매몰되어 전체를 그르친다거나, 연구에는 관심이 없고 거기서 나오는 부산물에만 관심이 있다거나 등등 별별 경우가 다 생기는데, 이는 학창시절부터 교육과 훈련을 받지 못했기 때문이다.

동료평가를 통해 학생들은 평가라는 것이 어렵다는 것을 깨닫게 된다. 인간이 인간을 평가한다는 것이, 시험 같은 점수제가 아닌 한, 완전히 객관적이기 어렵다. 평소에 동료관계가 좋은 학생이 동료평가에서 좋은 성적을 받는데 이것은 지극히 예상된 결과다. 학생들이 동료평가를 하면서 '이럴 줄 알았더라면 동료들에게 더 잘할 걸.' 하고 생각하게 되었을 것이다.

04 / 휘발성 지식과 시험문제 출제

교육에서 시험이 중요한 이유는 피교육자의 학습방향을 결정짓기 때문이다. 즉 교수가 어떻게 시험을 내고, 어떻게 채점하느냐에 따라 학생들의 공부방향이 결정된다.

교육자는 공부를 많이 한 학생이 좋은 성적을 받도록 해야 한다. 그러기 위해서는 공정한 경쟁마당을 만들어 주어야 학생들이 공부하게 되고, 따라서 실력이 향상되어 졸업하고 사회에 이바지하게 된다. 그렇지 않고 학교에서 요령과 편법이 횡행하게 되면 학생은 공부도 하지 않을 뿐 아니라 교육자를 신뢰하지 않게 되는데 이는 사회 불신의 시작이다.

(1) 시험문제의 선택

시험문제 출제에서 가장 주요한 것은 암기했다가 쉽게 사라지는 휘발성 지식을 피하는 것이다. 시험에 닥쳐 종이에 빼곡하게 적어 달달 외우고 시험을 친 후에 싹 잊어버리는 것을 말하는데, 학생들은 시험

후의 이 과정을 “empty trash”라고 한다. 따라서 휘발성 지식을 물어보는 문제는 피해야 한다.

나는 문제지와 답안지를 분리하여 문제지는 학생이 가져가게 하고 답안지만 회수하는데 문제지의 1/4이 공식이다. 교재의 시험 범위 내에 있는 모든 공식을 주므로 공식을 쪽지에 적어온다든가 책상에 적어놓는다든가 할 필요가 없다. 강의실에 들어가 보면 책상과 벽에 시험 관련 낙서가 가득한데 모두 교수 책임이다.

학생들에게 공식을 모두 주는 이유는 공식을 외울 필요 없이 이것으로 문제를 풀라는 뜻이 아니다. 나는 공식을 사용하는 문제는 거의 내지 않기 때문에 내가 준 공식들은 문제 푸는데 별 도움이 안 된다. 학생들에게 물리는 공식을 외우는 것이 아니라는 것을 가르치기 위하여 공식을 주는 것이다.

(2) 시험문제의 공개

내가 최근 10년 동안 낸 모든 문제를 pdf 파일로 저장하여 내 홈피에 공개하고 있다. 그래서 누구든지 모두 내려 받아 볼 수 있어 가진 정보에 따라 시험에 유리하거나 불리하지 않도록 한다. 시험문제를 공개해야 교수도 출제에 신경을 쓴다.

나는 시험문제뿐만 아니라 강의도 녹화하여 누구나 내 강의 장면을 볼 수 있도록 KOCW나 유튜브 등에 공개한다. 그래야 강의 중에 쓸데없는 이야기를 안 하게 된다.

(3) 채점 결과의 학생 확인

답이 맞았느냐 틀렸느냐로 채점하는 것이 아니라 문제 풀이의 논리적 전개 과정으로 점수를 준다. 단순한 실수는 감점하지 않는다. 시험 이후에는 모범답안과 채점 기준을 공개하고, 채점한 답안지를 학생들에게 모두 나누어주어 자신이 어디서 어떻게 감점되었는지를 확인시킨다. 기말고사 이후에는 학생들이 요구하면 채점한 답안지를 카메라로 찍어 보내주어 확인시킨다.

시험의 난이도는 반드시 만점이 한두 명 나오도록 출제한다. 평가 절차를 투명하게 공개하여야 학생들이 교수를 신뢰하게 된다.

위에서 설명한 방식은 수강학생이 적은 경우나 가능하지 않으냐고 생각할 수 있지만, 나는 매 학기 평균 세 과목을 수업하는데, 수강생이 가장 많은 물리학의 경우 대략 백 명이다.

ppt로 강의안을 만들어 강의하는 것은 '인간과 우주' 같은 인문 사회 과목에 한하고, 이공계 과목은 직접 칠판에 쓴다. 그래야 학생들이 교수의 풀이과정 및 답안작성요령을 볼 수 있기 때문이다. 수식보다는 그림 위주로 수업하여 내 수업 시간은 대부분 칠판에 그림 그리는 시간이다. 청각과 시각을 연결해서 이해해야 기억에 오래 남는다.

05 / 알리바바와 40인의 도둑

중세 중동지방의 전설에 알리바바와 40인의 도둑이라는 유명한 이야기가 있다. 컴퓨터 역사에서는 "열려라, 참깨!"라는 패스워드를 처음으로 사용한 사건이라고 본다. 알리바바의 형은 도적들이 훔친 보물이 가득한 동굴에 들어갔는데 그만 패스워드를 잊어버려 못 나오고 도둑들에게 잡히는데, 이는 패스워드를 잊어버리지 말라는 교훈을 주었다고 한다. 이 이야기로 당시 사회 상황을 유추하면 말을 타고 떼로 몰려다니며 마을을 약탈하던 도적들이 흔했다는 뜻이기도 하다.

중세 중동지방은 과학기술이 유럽보다 훨씬 앞섰다. 다음은 대략 20년 전에 라디오에서 들었던 이야기다. 중동지방의 유명한 학자 전기에 나오는 이야기라고 한다.

이 학자가 젊었을 때 학문에 정진하여 자기가 공부해 얻은 지식을 종이에 잘 정리하는 것이 일이었다. 그런데 어느 날 말을 탄 도적 떼가 몰려와 마을을 약탈하였는데 자신이 평생 공부하여 기록한 지식이 적혀있는 종이들도 도둑들 자루에 담겨 사라졌다. 이 학자는 그 종이들

| 그림 1 | 알리바바와 40인의 도둑 포스터

이 자신이 평생을 바쳐 만든 것이니만큼 자기에게 목숨만큼 중요하다고 생각해서 말을 타고 혼자서 도적 떼를 쫓아갔다.

물건을 약탈하여 달아나던 도적 두목이 보니 웬 사람이 혼자서 말을 타고 자기들을 따라오는 것이었다. 그래서 말을 멈추게 하고 부하들에게 따라오는 사람을 잡아 오라고 했다.

부하들에게 끌려 두목 앞에 온 젊은 학자가 이야기했다. “나는 학문을 하는 사람인데 내가 평생 공부해 모은 지식을 적은 종이들이 당신들이 가져간 자루 속에 있소. 당신에게는 아무 쓸모없는 것이지만 내게는 목숨만큼 중요한 것이니 돌려주시오.”라고 하였다.

두목이 부하들을 시켜 자루를 뒤져 종이를 찾게 했다. 두목이 부하들이 찾아온 종이를 그 학자에게 돌려주며 하는 말이, “도둑맞을 수 있는 지식은 참지식이 아니다.”라고 하였다 그 학자는 이 말이 알라신이 도둑의 입을 통하여 자신을 가르치는 것으로 생각하고 이를 평생의 지침으로 삼았다고 한다.

06 / 학생 없는 학교

(1) 대학원 학생 없는 대학

나는 교수라고 하지만 대학원생이 없어 평생 혼자서 연구해야 했다. 대학원 강의도 없으니 과거 대학원 때 보던 책들을 다시 볼 일이 거의 없어, 매년 연말이 되면 안 보는 책과 오래된 노트를 버리는 것이 일이다.

대학원생이 없으니 연구비를 받기도 쉽지 않다. 연구는 교수와 대학원생들이 연구단을 만들어 하는데 대학원생이 없는 연구자에게 누가 연구비를 주겠는가? 연구는 지속해서 하지 않으면 주류에서 밀려나 학문 무대에서 잊힌다. 따라서 대학원생이 있느냐 없느냐는 교수의 연구와 관련되어 매우 중요하다.

나는 대학원생이 없으니 학부 학생을 가르쳐 연구비를 주고 대신 연구에 참여시킬 수밖에 없다. 하지만 학부 학생들을 연구에 참여시키는 것은 대학원생이 연구에 참여하는 경우와 매우 다르다. 대학원생은 자기가 논문을 써서 졸업해야 하는 자기 일이다. 반면에 학부 학생은 교수에게 용돈을 받고 아르바이트한다고 생각한다.

교수와 실험하는 것은 학과 공부와도 거의 무관하고 학점도 없다. 하지만 교수 입장에서는 실험 내용을 조금이라도 알아야 학생을 실험에 참여시킬 수 있으므로 학생을 가르쳐야 하는데, 대개 배우기 싫어하는 학생을 돈을 주고 달래서 억지로 가르치게 된다. 또 학생이 배우기 싫다며 중간에 나가버리면 교수는 다른 학생을 구해 처음부터 다시 가르쳐야 한다.

나는 해당 학과에서 반대만 안 한다면 학과와 전공을 가리지 않고 실험실에 학생들을 받기 때문에 내 실험실에는 타 학과 학생들이 더 많았다. 그리고 대부분 나중에 해당 학과를 수석이나 차석으로 졸업했다. 교수님들 중에 내가 학점도 주지 않는 타 학과 학생들이 졸업할 때 성적이 좋은 것을 보고, 내가 신입생 얼굴만 보고 졸업할 때 수석 졸업할 학생을 선발한다며 나를 '관상쟁이'라고 하시는 분도 보았는데 전혀 그렇지 않다. 생각하는 방법과 공부하는 방법을 가르치는 것이다. 그래서 공부에 재미를 느끼게 만들어 주면 된다.

(2) 학부 학생 없는 대학

요즘 지방의 작은 대학에서 대학원생이 없다고 하면 이상한 사람이 된다. 이제는 학부생이 없다. 입학하는 학생들의 수능 성적이나 내신 등급을 따지는 것은 사치다. 수능 안 보고도 대부분 대학에 어렵지 않게 입학한다.

입학 후 1년이 지나면 우수 학생들이 우르르 수도권으로 떠난다. 우리 학교 전임 교수는 주당 9시간 이상 수업을 하게 되어 있는데 대부분 주당 12~15시간 수업하며 나 역시 마찬가지다. 그런데 이렇게 12~15

시간씩 수업할 강의가 있다는 것에 대하여 주변 작은 대학의 교수들은 부러워한다. 수업을 더 하고 싶어도 더 할 수업이 없기 때문이다.

학부과정 수업의 수준이 매년 낮아지고 있는 것도 문제다. 내가 졸업한 모교가,[1] 40년 동안 학문이 엄청나게 발전했음에도 불구하고, 당시 내가 공부하던 책보다 더 쉬운 책으로 공부한다. 이런 현상은 내 모교만의 일이 아니고 다른 대학들도 비슷할 것이다.

대학 동기가 입시학원을 하는데 이야기해보면 나보다 훨씬 뛰어난 학생들을 가르친다. 그런데 이 학생들이 대부분 의치약계로 진학한다. 이것은 사회 구조가 학생들을 그렇게 만든 것이다. 정부에서 반도체 인력을 대거 양산한다고 하는데, 반도체 전문가는 키우는데 의사보다 훨씬 많은 시간과 노력이 들어가고 성공률도 낮지만, 키워내도 의사만큼 보수를 받지 못한다. 따라서 현 상황에서는 성공하기 어려운 정책이다.

2023년에 호주에서 발표하기를 산업의 첨단기술 64가지를 미국과 중국이 분점하고 있는데, 중국이 1위인 것이 53개, 미국이 1위인 것이 11개라고 한다.[2] 중국의 특허 등록건수와 논문 발표숫자와 논문 피인용지수도 오래 전에 미국을 추월했다. 그리고 미국과의 차이를 더 벌리고 있다.

대학 교육의 결과가 한 세대 후인 20~30년이 지나 산업에 나타난다고 보면 우리 교육은 이미 1990년대에 중국에게 추월당했다. 우리가 중국에 숫자로 맞설 수 없으므로 상위권 대학의 수준으로라도 맞서야 하는데 그것도 안 된다.

우리는 수십 년 동안 모든 무역 적자를 대 중국무역 흑자로 메우며

---

1 서울대학교 물리학과

2 https://techtracker.aspi.org.au/

살았다. 즉 중국 덕에 먹고 살았고 중국은 우리에게 봉이었다. 하지만 2022년부터 대 중국무역 상황이 역전되어 적자가 발생하기 시작했는데, 미국에 의하여 우리의 중국 반도체 수출길이 막힌 것이 직접적 원인이라고 하나, 내가 보기에는 기술력의 역전이 진짜 원인이다. 근본적인 혁신이 없으면 이런 상황이 매년 악화될 것이다.

(3) 대학원에서 공부하는 법

오래전에 모 대학원에 진학한 제자가 기계공학 박사학위를 받았다고 최근에 인사차 찾아온 적이 있다. 이 학생은 1학년 때 내 실험실에 들어왔다. 4학년 때 내게 와서, 모 대학 기계공학과 교수님께 이력서와 함께 나와 공동저자로 발표한 메타물질 논문을 보내고 대학원에 진학하고 싶다고 하자, 그러면 7, 8월 여름방학 때 그 교수님 실험실에 와서 인턴을 하면 하는 것을 보고 결정하겠다고 답변이 왔는데, 어떻게 인턴을 하느냐고 물었다.

나는 이 학생에게 인턴 방법을 가르쳐 주었다. "실험실에 아침에 가장 먼저 나가고, 밤에 가장 나중에 나와라. 그리고 모든 실험실 청소는 네가 도맡아서 해라." 그리고 "아침 8시에 실험실에 나와 밤 11시에 가는 것을 30년만 하면 네 분야에서 권위자가 될 수 있다."

약 10년 전에 내 실험실에 있던 4학년 학생이 모 대학원 전기 · 전자공학과에 합격한 후 연락이 왔다. 지도교수 되실 분이 오라고 해서 갔더니 두꺼운 영어 원서를 보여주면서 입학하면 배울 책이라고 하는데, 펴보니 아는 것이 하나도 없더라는 것이었다. 겁이 덜컥 나서 내게 연락한 것이다. 어떻게 공부해야 하느냐는 것이었다.

내가 그 학생에게 적합한 공부 방법을 가르쳐 주었다. "이 방법은 어떤 전공을 막론하고 단 한 번의 실패도 없이 오랫동안 검증된 방법으로, 기초실력이 없어도 공부를 잘 할 수 있는 방법이다."라고 하였다. 그리고 "수업시간에 절대 책을 펴지 마라. 졸업할 때까지 수업시간에 단 한 번도 책을 안 펴면 너는 반드시 성공할 것이다."라고 하였다. 그 학생은 묵묵부답 말이 없었다.

내 말은 책의 앞표지부터 뒤표지까지 내용을 깡그리 다 외우라는 뜻이었다. 책 전체를 다 외우고 있으니 수업시간에 책을 펼 필요가 없는 것이다.

07 / 교육의 완성

내 연구실은 앞이 [그림 1]과 같은 3층 베란다라서 나와 있으면 테니스코트 앞 주차장부터 교문까지 훤히 잘 보인다. 비에 젖지 않도록 지붕도 있고 전망이 좋아 이 베란다는 3층 교수님들의 야외 사랑방이기도 하다.

학생들이 기말시험을 마치는 날은 생활관(기숙사)을 비워야 한다. 그때는 짐들을 우편으로 부치기도 하지만 부모가 자식을 직접 데리러 학교로 오기도 한다. 그날은 테니스코트 앞 주차장은 물론이고 학교 전체가 학부모들의 차로 가득 찬다. 여러 고가의 외제차를 비롯하여 온갖

| 그림 1 | 3층 연구실 앞 베란다에서 보이는 풍경

자동차들로 가득 찬다. 주차장이 부족하여 학부모들이 차를 학교 정문 밖에 세우기도 한다.

1학기가 끝난 6월 하순의 그날도 학기 말에 맞는 그런 평범한 날이었다. 베란다에 나와 집에 돌아가는 학생들 무심히 보고 있었다. 하얀 정복을 입은 여학생이 트렁크를 끌며 내려오고 있을 때도 별로 특별하지 않은 많은 풍경 중의 하나였다.

그런데 테니스코트 앞 주차장으로 내려오더니 어떤 용달차라고 불리는 작은 트럭으로 가고 있었는데 그때 처음으로 작은 트럭이 눈에 들어왔다. 트럭 문을 열더니 자기 트렁크를 탁 집어넣고 올라타는 것이었다.

그때부터는 내 눈에는 그 여학생이 탄 작은 트럭을 제외하고는 아무것도 안 보였다. 트럭에 올라타던 여학생의 모습이 어찌나 당당하던지 정문을 나갈 때까지 내 눈에는 그 트럭만 보였다.

교육이 무엇인가? 인간의 완성으로 가는 길이다. 학과 교과목들은 인간의 완성으로 가는 수많은 길들 중 하나일 뿐이다. 그런 면에서 저 여학생은 이미 완성에 다다랐다.

운전하시던 분은 뒷모습만 보였지만 나이가 있으신 남자분이셨는데 학생의 아버지로 추정되었다. 그런 훌륭한 딸을 키운 분이라면 그분도 역시 훌륭한 분일 것이다. (2021.12)

08 / 이 세상에서 가장 싼 것

나는 책이라고 생각한다. 어떤 사람이 수년 혹은 수십 년 이룬 경험과 지식을 단돈 몇 만 원에 가질 수 있기 때문이다. 이보다 싼 것이 세상 어디에 있는가?

학생들에게 1만 원을 주고 책을 사서 책장에 꽂아놓고 한 번도 안 본다면 1만 원이 사라지지만, 잘 읽으면 10만 원, 또는 100만 원 이상의 가치를 하므로 책의 가치는 그 책을 읽는 사람이 결정한다고 말해주어도 책을 잘 사지 않는다.

나는 요즘에는 안 하지만 과거에는 영어 원서로 된 책을 교재로 사용할 때가 있었다. 이때는 꼭 무료 PDF 파일을 구할 수 있는 교재를 골라서 사용했다.

국제적으로 많이 사용하는 책은 5판, 심지어 10판도 찍는다. 예를 들어 10판정도 되면 10번 교정되었으므로 오타가 거의 없다. 10판인 경우 9판이나 10판은 돈을 주고 사야지만 8판 이하는 대부분 무료 PDF 파일을 인터넷에서 구할 수 있다. 판수가 바뀔 때 평균 5% 정도 내용이 바뀌므로, 8판을 사용해도 90%는 10판과 같아 교재로 사용하는 데 전혀 문제가 없다.

역사를 공부해 보면 수천 년 전에 한 시행착오를 계속 되풀이한다. 시대가 지난다고 사람들 의식 수준이 저절로 올라가지 않는다. 결국 책을 통해 자기성찰을 하고 이를 통해 의식 수준이 향상된다.

학교 다니는 동안에는 책을 읽기 싫어도 읽어야 하지만 학교를 졸업하고 사회에 나오면 누가 책을 읽으라고 하지 않는다. 그때부터는 책을 읽는 사람과 안 읽는 사람의 간격이 점차 벌어져, 50대 이후가 되면 거의 매일 책을 읽는 사람과 전혀 안 읽는 사람으로 나뉜다.

이는 사회 현상을 평가할 때도 그대로 나타나 학교 동기들을 만나면 졸업이후에 능동적으로 책을 찾아서 읽었느냐, 아니면 수동적으로 신문이나 방송 같은 주어진 것만 보았느냐에 따라 생각이 극과 극으로 달라진다. 성인이 되어 책을 읽지 않으면 사고의 빈틈을 무속 등이 파고 들어간다. 교육은 책을 읽는 습관을 들이면 그것으로 성공이라고 본다.

나는 복이 많아 현재 부모님이 모두 건강하게 살아계신다. 올해 춘추가 어머님은 88세, 아버님은 91세인데, 부모님 뵈러 갈 때마다 어떤 책을 가지고 갈 것인가를 고민한다. 두 분 모두 하루라도 책을 안 읽으면 불편해하시기 때문이다. 특허 어머님은 성경을 몇 번이나 읽었는지를 모를 정도로 내용에 통달하셨다.

나는 서울에 갈 때마다 대형서점 순례를 한다. 그리고 읽어야 할 책의 목록을 만든 후 집에 돌아와 인터넷으로 한 번에 주문한다. 도착한 책을 읽는 시간이 가장 행복한 시간이다. 그리고 세상에서 가장 싸게 이런 기회를 준 책의 저자에게 감사한다.

09 / 교육자의 마지막 봉사

내가 초등학교 말 아니면 중학교 시기였으므로 대략 1970년 초엽이었다. 나의 아버님은 중고등학교 생물 선생님으로 평생을 보낸 분인데 내 학창 시절을 돌아보면 당시 집 서재에 전집류들이 가득했다. 아버님 제자들이 외판원을 하면서 한 짐씩 가져온 책들을 사주셨기 때문이다. 지금은 그런 일이 없지만 옛날에는 전집류 외판원들이 많았다. 지금은 인터넷으로 주문하면 택배로 물건이 오지만 당시는 트럭이나 큰 자전거에 싣고 다니며 팔았다.

나는 아버님의 이런 모습이 굉장히 마음에 들지 않았다. 왜 보지도 않을 책들을 제자들이 사정한다고 해서 한 짐씩 사주느냐고 볼멘소리를 하였다.

아버님께서 말씀하시기를, 교육계에 있다가 정년퇴임을 하고 나면 제자들이 금융기관의 지점장 등을 대동하고 집으로 찾아온다고 하였다. 자기 스승의 퇴직금을 사기 쳐서 먹기 위해서라고 하셨다.

이에 비해 책 전집을 들고 사달라고 오는 제자들은 아주 훌륭한 제자들이라는 말씀이었다. 그리고 제자에게 사기를 당해 퇴직금을 다 날리고 알거지가 되는 것을 "교육자의 마지막 봉사"라고 한다고 하셨다.

그렇게 사서 버려지는 책들이 아까워 아버님 서재에 틀어박혀 그 전집류들을 읽는 것이 내 학창 시절의 일과였다.

임피역

김중수(1934~)

여기 임피역
유년의 그림자 눈에 어려 온다.

동쪽 철길가 언덕
소작농 땀 배어든 볏 가마
수탈되어 철마에 실려 갔던 자리

굶주린 배 성난 눈초리
임피, 서수에서 남산재를 넘어온
외마디소리 휘몰아쳤던 날

그 날의 임피역
이제 역사의 횃불로 타오른다.

| 그림 1 | 지금은 폐역이 된 전북 군산시 임피면 임피역 앞 時失里 (시간을 잃어버린 마을) 광장과 옥구농민항쟁기념비[1]

| 그림 2 | 아버님 시 '임피역' 시비. 아버님 고향인 임피역에 있는데 지금은 군산시가 철도 역사박물관으로 운영 중이다.

---

1 익산–군산 사이의 군산선은 일제강점기에 전북지역의 쌀을 일본으로 실어 나르기 위해 건설된 선로였다.

10 / 詩가 있는 거리

| 그림 1 | 아버님께서 사비로 운영 중인 전북 익산시 중앙동의 시가 있는 거리

김중수

익산시 중앙로 7길
모두 떠나버린 옛 도심권
정적은 회색빛
침묵이 들어와 누워버린 지 오래다.
낯익은 노인
혼자서 치켜든 기폭 하나
솔빛 바람 소리로 살아나
눈길 휘어감는 시가 있는 거리.

11 / 메타물질과의 만남

2009년 12월로 기억하는데 지금은 퇴임하신 연세대학교 물리학과의 김철구 교수님의 연락을 받고 신촌의 교수님 연구실에서 만난 적이 있다. 교수님은 나에게 메타물질을 공부해 보지 않겠느냐고 하셨다.

나는 그 전까지 원자물리학을 연구하고 있었는데, 나이도 50에 들어서 공부는 이제 그만하려고 중고 골프 세트와 중고 색소폰을 물색하고 있던 중이었다. 나는 교수님께 "메타물질이 무엇입니까?" 하고 물었다.

메타물질은 21세기에 들어 시작된 학문의 한 분야로 메타물질의 메타란 일반적이지 않다는 뜻이다. 따라서 메타물질이란 세상에는 없는 성질을 가진 물질을 인공적으로 만든 것을 통칭하여 뜻한다. 복합학문으로 공학 전 분야에서 접근하며 물리학에서는 응용물리 분과에 해당한다.

당시 몇몇 대학 교수들과 대학원생들이 연세대학교에서 모여 메타물질을 공동으로 연구하고 있었는데, 당신께서 곧 정년 퇴임하시니 내가 메타물질을 배워 앞으로 교수님 대신에 공동연구에 참여하면 어떻겠느냐고 하셨다. 메타물질에는 전자기 메타물질과 음향 메타물질이 있는데, 전자기 메타물질은 비싼 장비와 많은 연구비가 필요하지만 음향 메타물질은 그렇지 않으니, 나처럼 연구비도 없고 대학원생도 없는 연구자에게는 적합할 것이라는 말씀이셨다.

연구자가 대학원생 때부터 해 오던 전공으로 연구실적을 내고 있는데 그 전공을 바꾼다는 것은, 연구분야를 바꾸어 성공적으로 안착하려면 늦어도 3년 후에는 새 분야에서 연구결과를 논문으로 발표할 수 있어야 한다는 뜻이다. 이 말은 새 전공을 공부하는 3년 동안에는 연구실적을 내기 어렵다는 뜻으로서, 매년 연구실적을 내서 평가받아야 하는 상황에서 3년 동안은 연구실적이 없을 수 있으므로 시도 자체가 상당한 모험이다.

만일 전공을 바꾸었는데 3년이 지나도 새로운 연구결과를 내지 못하면 전공전환에 실패한 것인데, 이때는 다시 과거의 연구 분야로 돌아가기도 어렵다. 이전 분야에서 3년 정도 뒤떨어졌기 때문에 이를 복구하는데 그 이상의 긴 시간이 걸리기 때문이다.

대학원생이 여러 명 있는 교수의 경우는 학생들이 각자 자기 연구를 하므로, 교수가 전공을 바꾼다는 것은 의미가 없고, 단지 연구 분야를 확장해 나갈 뿐이다. 따라서 교수가 전공을 바꾼다는 것은 나처럼 대학원생 없이 혼자서 연구하는 경우에만 해당한다.

나는 대학원생 시절에도 전공을 바꾸어 보았고, 직장을 잡고도 전공을 바꾸어 보았기 때문에 상대적으로 전공 전환에 대한 두려움이 적었다. 또 물리학이란 시작부터 넓게 공부하고 여러 분야에 걸쳐 있어서 다른 분야로의 전환이 상대적으로 쉬운 분야다.

내가 해보겠다고 하자 김철구 교수님께서 공부하는 방법을 가르쳐 주셨다. 매주 토요일 아침 9시 30분부터 연세대학교에서 10여명의 교수와 대학원 학생들이 모여 연구 미팅을 하니 그때 참석하여 배우라는 것이었다.

호남선 KTX가 2015년에 개통되었기 때문에 당시에는 새마을호뿐이었다. 2년 동안 거의 매주 토요일 새벽 4시에 광주역이나 목포역에 나가 첫 기차를 타고 4~5시간 걸려 서울로 올라갔다. 그리고 미팅 시간에 맨 뒤에 앉아 사람들이 무슨 이야기를 하는지 유심히 듣게 되었다.

그리고 2년 후에 목포에 실험실을 만들고 자체 연구를 시작하였고, 2012년에 첫 메타물질 논문이 광학분야에서 나왔다. 이 논문은 메타렌즈에서 가장 다루기 어렵다는 이튼렌즈(Eaton lens) 관련 논문이었다. 전공을 바꾸고 3년 만에 논문이 나왔으니 새로운 분야에 안착한 셈이었다. 김철구 교수님을 만나지 못했다면 불가능한 일이었다.

12 / 공명진동

공명진동은 줄여서 공진(resonance)이라고도 하는데 물체의 자체 진동수 또는 고유진동수와 외부에서 작용한 진동수가 일치하여 물체에서 발생하는 파동의 진폭이 급격히 커지는 현상이다. 대표적인 공진의 예는 그네인데 하늘 높이 올라가려면 뒤에서 그네의 흔들리는 움직임에 맞추어 밀어주어야 한다.

또 다른 공진의 예가 [그림 1]처럼 소리로 와인 잔을 깨는 것인데 와인 잔의 고유진동수가 외부에서 작용하는 소리의 고유진동수와 일치하면 와인 잔의 미세한 떨림이 크게 증폭되어 깨지게 된다. 와인 잔의 고유진동수는 사람의 목소리 진동수보다 높아 사람의 목소리로는 잘 깨지지 않지만, 남자보다는 여자가, 같은 여자라도 키 작은 여자가 더 고음을 내기 쉬우므로, 고음에 특화된 키 작은 여가수라면 이론적으로는 노래로 와인 잔을 깰 수도 있다.

공진은 생활에도 반영된다. 교량은 내부 재질과 구조에 따라 고유진동수를 갖는다. 교량을 건설할 때는 그 지역에 자주 불어오는 바람의

| 그림 1 | 소리로 와인 잔을 깨는 미국 메사츠세츠추 공과대학 실험으로 대표적인 공진 현상이다.

진동수와 다르도록 교량의 고유진동수를 조절해야 안전하다.

전기공학은 물체에 전압을 가하고 임피던스를 조절하는 학문이다. 임피던스는 R, L, C로 조절한다. 기계공학에서는 전압은 압력에 해당한다. 임피던스는 [그림 2]처럼 파이프로 조절하는데, 양쪽이 모두 뚫린 파이프는 유도기(L)에 해당하고, 한쪽만 막힌 파이프는 축전기(C)에 해당한다. 공기나 물 같은 매질은 저항(R)에 해당한다. 유도기는 '전기 질량,' 축전기는 '전기 스프링'이라고 부른다. 따라서 기계공학에서 파이프만 있으면 원칙적으로 전기공학의 모든 회로를 기계공학적으로 구현할 수 있다.

[그림 3]은 전기공학의 LC 직렬 공진기를 파이프를 이용하여 기계공학적으로 구현한 것이다. 기계공학의 LC 공진기를 흔히 헬름홀츠 공진기(Helmholtz resonator)라 부른다.

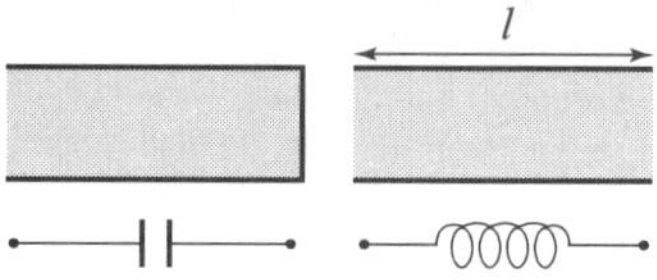

| 그림 2 | 파이프로 구현한 기계공학의 유도기(코일)와 축전기(콘덴서)

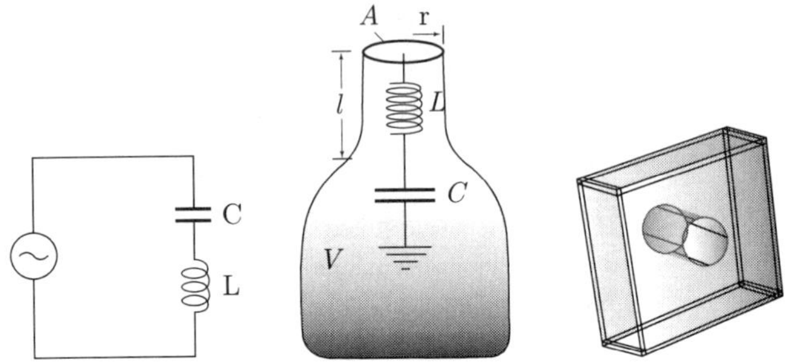

| 그림 3 | 전기공학의 LC 직렬 공진기와 이에 해당하는 기계공학의 LC 직렬 공진기. 맨 왼쪽과 맨 오른쪽이, 중간을 거쳐, 물리적으로 동일체다.[1]

이 헬름홀츠 공진기는 자동차 배기가스의 소음을 줄여주는 머플러에서도 사용되는데 이를 공명흡음이라고 한다. 일반적인 물체는 밖에서 압력을 가하면 부피가 줄어든다. 그런데 반대로 압력을 가했는데 부피가 커지면 압력에 의한 물체의 파동, 즉 소음진동을 소멸시키게 되는데 이를 '음의 탄성계수 방법'이라고 한다.

외부에서 빈 통에 압력을 가하여 만든 파동이 빈 통 내부에 들어가 쌓여 공진하면, 마치 빈 통의 부피가 팽창하는 것과 동일한 효과를 내서 음의 탄성계수가 구현된다. 탄성계수가 음수가 되면 속력이 허수가 되어 파동이 소멸한다.

3차원의 부피 탄성계수 외에 1차원의 영의 계수(Young's modulus)와 2차원의 층밀림 탄성계수(shear modulus)도 유사한 방식으로 모두 음수로 만들어 이를 통과하는 파동을 소멸시킬 수 있다.

1 김상훈, 이돈출, "표면에 다수의 구멍을 뚫고 차단 주파수 영역의 선택이 가능한 풍압 저감형 방음벽," 대한토목학회지, Vol. 36(2), 191~196 (2016).

13 / 층간소음 문제의 메타물질 방법

아파트를 비롯한 집합 주택의 층간소음 문제는 집합 주택이 우리나라 주택의 주류라서 사회 전체적으로 문제가 크다. 층간소음은 건축과 토목공학의 문제인 동시에 기계공학에서는 소음진동학의 문제다. 기본적으로 진동하며 진행하는 탄성파를 소멸시켜야 이를 해결할 수 있다.

메타물질 시각으로 보면 모든 파동의 소멸 원리는 매우 간단하다. 파동의 속력을 실수에서 허수로 만들면 된다. 모든 역학 파동의 속력은 밀도와 탄성계수의 비로 결정된다.

$$\text{속력} = \frac{\sqrt{\text{탄성계수}}}{\sqrt{\text{밀도}}}$$

진행하는 파동을 소멸시킨다는 것은 매질을 진행하는 파동의 속력을 허수로 만드는 것이다. 즉 매질의 밀도(density)나 탄성계수(modulus) 중 하나를 음수로 만들면 된다. 여기서 음수로 만든다는 것은 특정 조건에서 마치 음수인 것처럼 반응하게 만든다는 뜻이다.

| 그림 1 | 대만 101 빌딩의 외관과 내부의 대형 추(tuned mass damper)[1]

빛을 비롯한 전자기파의 소멸도 원리는 동일하여, 속력을 결정하는 2가지 요소인 전기유전율과 자기투자율 중의 하나를 음수로 만들면 전자기파의 속력이 허수가 되어 파동이 소멸한다.

탄성계수를 음수로 만든다는 것은, 보통의 물질은 누르면 줄어들고, 당기면 팽창하지만, 이것을 반대로 하여 누르면 팽창하고, 당기면 줄어들게 만들면 된다.

밀도를 음수로 만든다는 것은 질량(mass)이나 관성모멘트(moment of inertia)를 음수로 만든다는 뜻이다. 질량에 힘을 가하면 질량은 힘의 방향으로 가속된다. 예를 들면 당구장에서 큐대로 당구공을 치면 당구공은 힘을 가한 방향으로 가속되는 것과 같다. 하지만 힘을 가한 반대 방향으로 당구공이 가속되면 그 당구공은 질량이 음수인 것처럼 행동하는 것이다.

음수 질량 방법은 새로운 것은 아니고 진동을 막는 데 광범위하게

1 대만 관광안내 홈페이지

사용되고 있는데 건물의 댐퍼가 한 예다. 대만 101 빌딩은 [그림 1]처럼 건물 상부에, 미국 뉴욕의 엠파이어스테이트 빌딩은 지하 천정에뉴욕의 엠파이어스테이트 빌딩은 지하 천정에 거대한 추가 매달려 있는데, 외부에서 힘이 작용하여 건물이 흔들리면 거대한 추는 힘이 작용한 반대 방향으로 흔들려 건물의 흔들림을 상쇄시켜 건물을 보호한다.

음의 관성모멘트도 유사하다. 막대의 한쪽 끝을 고정하고 다른 쪽 끝에 힘을 가하면 막대는 회전하게 된다. 만일 관성모멘트가 음수가 되면 막대는 힘을 가한 반대 방향으로 회전하여 진동을 상쇄시키게 된다.

층간소음 문제는 소음진동을 생성하는 파동이 층간의 매질을 통과하여 전달될 때 매질의 밀도나 탄성계수 중의 하나를 음수로 만들면 파동이 소멸하게 된다.

약 5년 전에 관성모멘트를 음수로 만들어 진동을 없애는 방법을 특허 출원한 적이 있는데 심사를 통과하지 못했다. 내가 변리사와 특허 심사관을 충분히 이해시키지 못했기 때문이다. 그 당시에는 음의 관성모멘트에 관한 참고문헌이 전혀 없었는데, 심사관은 내가 역학의 기본도 모르는 사람으로 알았을 것이다. 당시 내가 준비가 아직 덜 되었던 것이다.

그런데 요즘에는 구글에서 음의 관성모멘트(negative moment of inertia)를 검색하면 관련 자료가 끝없이 쏟아져 나온다. 그만큼 메타물질 분야는 하루가 다르게 발전하고 있다.

14 / 2013년 테크놀로지 리뷰 선정 올해의 기술 10주년

미국 매사추세츠 공과대학(MIT)에서 운영하는 신기술 소개 사이트가 테크놀로지 리뷰(TR)다.[1] 이 사이트가 유명하다 보니 최근에는 한국어판 사이트도 개설되었다. 테크놀로지 리뷰는 MIT 교수들이 최근 전 세계적으로 나오는 기술 중에 흥미 있다고 생각되는 신기술을 요약하여 소개하는 곳이다. 그리고 매년 12월에 올해의 기술을 선정한다. 어떤 절차에 의해 선정되는지는 정확히는 알 수 없으나 1년 동안 소개된 기술들을 놓고 연말에 교수들이 투표를 하는 것으로 추측된다.

그런데 내 논문 하나가 2013년 12월에 테크놀로지 리뷰에 의해 올해의 기술로 선정되었다는 소식을 우연히 듣게 되었다. 발간 전 예비 논문 공개 사이트인 arXiv.org 에 올린 미발표 논문인데,[2] 누가 어떻게 알고 보았는지 모르겠지만 올해의 기술로 선정되었다는 것이다.

이를 인터넷에서 확인해 보고 처음 든 생각은 "저것들이 미쳤구나."

---

1 https://www.technologyreview.com/

2 https://arxiv.org/abs/1307.0301

였다. MIT 교수들이 내가 어디서 무엇을 하는 사람인지도 모를 텐데 아직 발표되지도 않은 논문을 올해의 기술로 뽑다니 뭔가 잘못되었다는 생각이 들었다. 이 논문은 다음 해인 2014년에 미국 응용물리학회지인 AIP Advances에 “Air transparent soundproof window”란 제목으로 출간되었다.

내 논문은 테크놀로지 리뷰에 음향 메타물질 관련하여 2편이 소개되었는데, 한 편은 지진 관련 기술이고, 또 한 편은 소음제거 기술이었다. 그런데 소음제거 기술이 2013년 12월 말에 [그림 1]처럼 올해의 기술로 선정되었다.

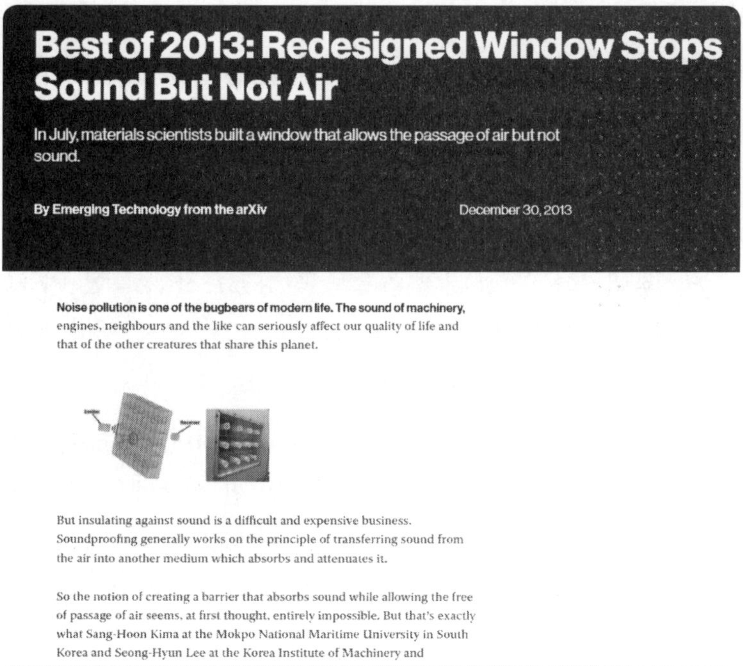

Best of 2013: Redesigned Window Stops Sound But Not Air

In July, materials scientists built a window that allows the passage of air but not sound.

By Emerging Technology from the arXiv

December 30, 2013

Noise pollution is one of the bugbears of modern life. The sound of machinery, engines, neighbours and the like can seriously affect our quality of life and that of the other creatures that share this planet.

But insulating against sound is a difficult and expensive business. Soundproofing generally works on the principle of transferring sound from the air into another medium which absorbs and attenuates it.

So the notion of creating a barrier that absorbs sound while allowing the free of passage of air seems, at first thought, entirely impossible. But that's exactly what Sang-Hoon Kima at the Mokpo National Maritime University in South Korea and Seong-Hyun Lee at the Korea Institute of Machinery and

| 그림 1 | MIT 테크놀로지 리뷰 선정, 2013년 올해의 기술

도로변의 건물이면 창문을 열어놓으면 바람이 들어와서 좋기는 하나 소음이 들어와 시끄럽고, 반대로 창문을 닫으면 소음은 안 들어와서 좋으나 바람이 안 들어오므로, 냉방장치를 구동시키는 등 에너지를 사용하게 된다.

소리란 공기나 물, 혹은 금속 같은 매질에 압력을 가해 무늬를 새겨 보내는 것이다. 내 기술은 거기서 무늬만 벗겨내 매질인 공기는 그대로 가게하고 소리만 차단하는 것이다. 즉 창문을 열고 방음하는 기술이다. 구체적으로는 창문에 구멍을 뚫어 공기는 통과시키고 소리만 차단하는 것인데, 이 원리는 물속에서나 금속에서도 동일하여 적용된다.

공기 구멍의 크기는 차단하고자 하는 소리의 파장 정도인데, 1 kHz의 음파를 차단하려면 직경 34 cm의 구멍을 뚫을 수 있어, 새는 물론이고 고양이 같은 작은 동물도 통과할 수 있다. 구멍을 완전히 차단하고 방음하는 것에 비하면 성능은 다소 떨어지지만 인간의 귀로는 큰 차이를 못 느낀다. 이 방법으로 소리의 세기를 최대 20 dB까지 낮출 수 있다.[3]

왜 그들이 내 논문을 올해의 기술로 선정했는지 정확한 이유는 알 수 없으나 구멍을 막아야만 방음이 된다는 선입견에서 벗어나는 연구라서 선정한 것이 아닌가 생각된다.

이 기술이 맨 먼저 사용될 곳은 도로변 건물이다. 창문을 열어놓을 때 공기만 들어오고 소음은 들어오지 않으면 한 여름에도 창문을 열어놓을 수 있어서 냉방비용을 절약할 수 있다. 통풍을 위한 많은 구멍이 뚫려 있어 방음터널에 적용하면 내부에 유해한 기체가 쌓이지 않고, 도

3 유튜브에 이와 관련되어 내가 만든 동영상이 있다. “Air Transparent Soundproof Window 4”

로변 방음벽에 적용하면 태풍이 불어도 구멍들이 풍압을 낮추므로 파손되지 않는다.

두 번째 응용이 가능한 분야는 선박의 프로펠러다. 프로펠러가 고속으로 회전하면 큰 수중소음을 만드는데 물속에서는 소리가 줄어들지 않고 아주 멀리까지 전파되므로 양식장을 비롯하여 해양 동물들이 큰 피해를 보고 있다. 따라서 물은 내보내고 소리는 안 내보내는 무성 프로펠러를 만들어 이를 해결할 수 있다.

세 번째 응용이 가능한 분야는 비행기다. 비행기는 고온 고압의 배기가스를 배기구로 뿜어내는 반작용으로 나가기 때문에 소음이 엄청나게 크지만 자동차처럼 배기구에 머플러를 설치할 수 없다. 따라서 주변 사람들에게 큰 소음피해를 주므로 도심을 비롯한 인구 밀집지역에는 공항을 건설하기 어렵다. 이 기술을 비행기 배기구에 적용하면 출력 감소 없이 소음만 줄여 무성 비행이 가능하다.

네 번째 응용이 가능한 분야는 고체 내부 격자에서 음파의 전달인데, 격자는 진동하지만 소리는 전달되지 않는 상황이 어떻게 응용될 수 있을지 나도 상상할 수 없다.

15 / 지진파 제어의 인공 지진파 암영대법

지진은 지구 최대의 자연재해로, 재산 피해는 이루 말할 수도 없이 크고, 매년 평균 만 명이 목숨을 잃는다. 지진공학이 최대로 발전한 오늘날에도 피할 수 없는 운명과 같은 것이다. 그러면 정녕 지진의 공포에서 벗어날 길은 없는 것인가?

지진은 지각 맨 아랫부분에서 발생하는데 이곳을 진원(hyper- center, focus)이라 한다. 그리고 여기서 P(primary wave)파와 S(second wave)파 같은 실체파(body wave)가 발생하여 3차원으로 퍼진다. 실체파가 지면에 닿으면 표면파(surface wave)로 바뀌어 2차원으로 퍼지는데 이를 L(러브파)파와 R(레일레이파)파 라 한다.

표면파는 지면에서 파장 깊이인 대략 100 m 이내로만 진행하는데, 속력은 1 km/s 정도로 느리지만, 잘 소멸하지 않고 파장이 길어 큰 피해를 준다. 따라서 지진공학의 요체는 아래에서 오는 실체파는 막을 필요 없고 옆에서 오는 표면파만 막는 것이다. 지상에서 표면파가 만들어지는 중심을 진앙(epicenter)이라고 하는데 지진에서는 진원보다 진앙

|그림 1| 세계 최대 과학잡지인 미국의 디스커버지 2012년 7/8월호. 중앙에 네모를 한 "How to make an earthquake disappear(지진을 사라지게 하는 법)"가 내 논문 소개다.

이 중요하다.

지진파의 크기를 결정하는 대표적 수치가 지진의 '규모(magnitude)'인데 최대 진폭의 로그함수다. 규모 1~3은 별 피해가 없고, 4~6은 다소 피해가 발생하고 7~9는 큰 피해가 발생한다. 우리나라에서 발생한 지진의 최대 규모는 5.5 정도이며 5.0 이상의 지진이 발생하면 기상청에서 휴대전화로 긴급 알림이 온다. 원자력발전소를 비롯한 중요한 건물은 규모 7까지 방어가 가능한데, 규모가 지수적으로 정의되어 내진 규모 1을 올리려면 건설비용이 대략 10배가 증가한다.

지진에 대항하는 기존의 방법은 건물의 흔들림을 최소화하여 피해를 줄이는 것이다. 내가 2012년에 음향 메타물질을 이용하여 지진을 막는 새로운 방법을 발표했는데 기존의 방법과는 전혀 다르다. 땅속에는 특정 지진파가 통과하지 못하는 지진파 암영대(seismic shadow zone)가 존재한다. 그래서 지하에 지진파가 통과하지 못하는 암영대를 인공적으로 만들어 아예 지진파를 중간에 사라지게 하는 방법이다. 그래서 디스커버지의 제목도 “지진을 사라지게 하는 법(How to make an earth quake disappear)”이다. 이것은 〈혁신적인 방법〉이라고 하기는 그 범위를 너무 초과하여 〈만화 같은 방법〉이다.

방법은 매우 간단하여 [그림 2]와 같은 속이 비고 구멍 뚫린 철근 콘크리트 원통을 지진이 올 수 있는 경로의 땅속에 묻는 것이다. 진앙과 보호하고자 하는 대상 사이의 적당한 곳 지하에 이런 원통 수백 개를 연결하는 벨트를 건설하는 것인데, 전기공학의 LC 공진회로를 기계공학적으로 구현하는 것과 같다. 그래서 지진파 에너지를 열과 소리로 바꾸어 공중으로 날려 보낸다.

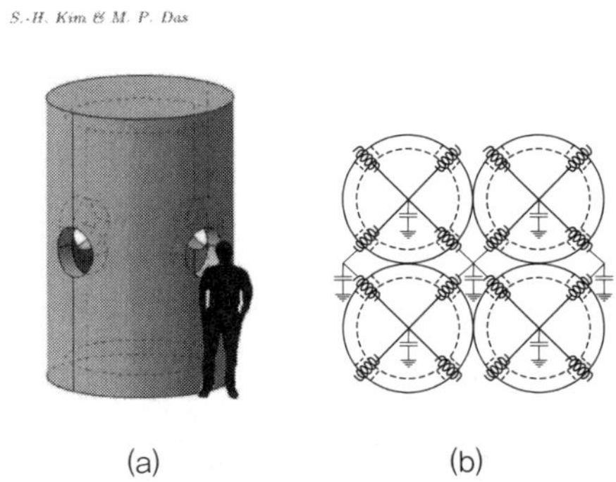

| 그림 2 | 속이 비고 표면에 구멍 뚫린 철근 콘크리트 원통을 보호하고자 하는 건물의 기초공사 아래의 깊이로 연결하여 묻으면 표면파 방어를 위한 인공 지진파 암영대가 만들어진다.

기존 지진공학의 건설비용은 규모에 지수적으로 증가하나, 이 방법은 벨트의 폭이 규모에 선형적으로 비례하여 규모 6 이상의 고규모 지진 방어에 유리하다. 이 방법으로 규모 1을 감소시키는 데 필요한 벨트 폭은 대략 30 m다. 이 논문을 처음 작성했을 때 터무니없다 하여 어느 학술지도 받아주려 하지 않았다.

한국물리학회 정기학술발표회의의 응용물리분과에 발표를 신청하고 oo대에서 1주일 전에 연구자들이 모여 미리 발표를 연습하고 도움말을 주는 자리가 있었는데, 다들 이 논문 발표에 부정적이었다. 학술대회에 학술적이지 못한 논문을 발표하는 것은 학자로서 옳지 않다는 것이었고, 나는 결국 당일에 논문 발표를 포기했다.

내가 학술대회에 발표를 신청하고 발표를 포기한 유일한 경우가 이것인데, 비로소 왜 발표신청을 하고 발표장에 안 오는 경우가 발생하는지를 이해하게 되었다. 이런 경우 해당학회에서는 발표자에게 이후 일정 기간 동안 논문을 발표할 수 없게 하는 벌칙을 내리는 것이 일반적이다.

이 논문을 어느 학술지도 안 받아주어 주변 사람들의 권유대로 포기하려다, 마지막으로 평소에 알고 지내던 호주 캔버라에 있는 호주국립대학의 다스(M. Das) 교수님께 논문을 보냈다. 그런데 내 예상과 다르게, "아! 좋다, 내보자."하여 다스 교수님과 공동 저자로 world scientific 에서 발간하는 학술지에 발표하게 되었다.[1] 어느 한 분야를 오래

1 S.-H. Kim and M. P. Das, "Seismic Waveguide of Metamaterials," Mod. Phys. Lett. B, 26(17), pp.1250105 (8 pages) (2012). S.-H. Kim and M. P. Das, "Artificial Seismic Shadow Zone Made of Acoustic Metamaterials," Mod. Phys. Lett. B, 27(20), 1350140(9pages) (2013).

연구하다 보면 매우 보수적이 되어 그 분야에서는 새로운 것을 받아들이기 어려운 것이 일반적인데, 다스 교수님은 당시 70에 가까운 연세임에도 불구하고 전혀 그런 것이 없었다.

이후 전 세계에서 이 연구에 대한 문의가 답지하고, 유명 과학 잡지에도 여러 번 소개되었으며, 한국물리학회에서도 요청이 와서 초청자 칼럼을 썼다. 이후 대부분의 음향 메타물질 분야 책에 소개되었고, 음향 메타물질이 어디까지 응용이 가능한지를 보여주는 지표 논문이 되었다.

하지만 내가 생각하는 지진 연구의 최종 단계는 지진을 사라지게 하는 것이 아니다. 지진에서 발생하는 거대한 에너지를 모았다가 필요한 때 사용하는 것이다.

이 연구의 모형실험을 위해서는 상당한 비용과 인원이 필요하여 나는 해볼 기회가 없겠지만, 여러 사람들이 내 논문을 읽고 있으니 언젠가 누군가 실험을 해보고 그 결과를 보는 날이 내 생전에 왔으면 좋겠다.

16 / 이튼렌즈와 3차원 광학실험

요즘은 안경은 렌즈의 윗부분과 아랫부분의 굴절률이 달라 멀리 볼 때는 윗부분으로 보고 가까운 곳을 볼 때는 아랫부분으로 본다. 이런 렌즈를 일반화하여 '굴절률 변화형 렌즈' 또는 '그린렌즈(GRadient INdex Lens)'라고 하는데, 21세기에 들어 수학적으로 복잡한 굴절률을 다양한 파장의 빛과 소리에 대하여 구현할 수 있게 되자 여러 가지 놀라운 성능을 보여 이런 렌즈를 통칭하여 메타렌즈라 한다.

메타렌즈 중에 가장 많이 알려진 것이 입사한 파동을 렌즈의 반대편 가장자리에 모으는 룬버그렌즈(Lunebrg lens)지만, 앞으로 가장 유용하게 쓰일 수 있는 것은 이튼렌즈(Eaton lens)로 입사한 파동을 원하는 각도로 위상차 없이 회전시켜 내보내는 렌즈다.

위상차 없이 내보낸다는 것은 다음과 같은 것이다. [그림 1]의 왼쪽 거울을 보고 오른손을 들면 거울속의 나는 왼손을 든다. 그 이유는 빛이 거울 면에 부딪혀 나올 때 뒤집혀 나오기 때문이다. 이렇게 뒤집히는 것을 입사파와 반사파 사이에 180도의 위상차가 발생하였다고 한다.

Fig. 1. (Color online) Comparison between (a) Conventional mirror and (b) Eaton Mirror(Lens).

| 그림 1 | 왼쪽이 일반 거울이고 오른쪽이 이튼거울이다.[1]

반면에 오른쪽 거울은 빛이 거울에서 뒤집히지 않고 돌아서 나오기 때문에 위상차가 발생하지 않아 내가 오른손을 들면 거울속의 나도 오른손을 든다.

일반 거울은 얇은 판으로 만들 수 있지만 이튼거울은 빛이 돌아 나오므로 원통형으로 둥글게 만들어야 한다. 아직까지 가시광선에서 이튼거울은 실현되지 못하고 있지만 언젠가 실현될 것이다.

이튼이 1952년에 이 렌즈를 처음 발표했을 때는 180도 회전하는 이튼거울 하나였다. 그런데 이튼렌즈는 굴절률이 렌즈 중심에서 무한대라 다루기 쉽지 않다.

그 후 오랫동안 연구가 이루어지지 않다가 메타물질 붐을 타고 다시 연구되기 시작했는데 내가 2012년에 [그림 2]의 논문에서 이튼렌즈를 임의의 각도에서 굴절하는 렌즈로 확장하였다. 이 논문은 메타물질로 전공을 바꾸고 발표한 첫 번째 논문인데, 지금의 이튼렌즈는 이튼이 제

---

1 이충근, 김상훈, "미래의 이튼렌즈," 새물리, 62권 9호, 984~987 (2012).

Retroreflector approximation of a generalized Eaton lens

Sang-Hoon Kim*

Division of Marine Engineering, Mokpo National Maritime University, Mokpo 530-729, Republic of Korea

(Received 5 January 2012; final version received 6 March 2012)

We extended a previous study of the Eaton lens at specific refraction angles to the Eaton lens at any refraction angle. The refractive index of the Eaton lens is complicated and has no analytical form except at a few specific angles. We derived a more accessible form of the refractive index for any refraction angle with some accuracy using the retroreflector approximation. The finding of this study will be useful for a rapid estimation of the refractive index, and the the design of various Eaton lenses.

Keywords: Eaton lens; gradient index lens; metamaterials

| 그림 2 | 2012년에 발표된 이튼렌즈 논문.[2] 2021년에 후속 논문이 발표되었다.

안한 180도 회전하는 특수한 경우가 아니라 내가 모든 각으로 확장한 이튼렌즈를 뜻한다. 이튼렌즈를 다루는 메타물질 책이나 광학 책은 대부분 내 논문의 일반화된 굴절률 식을 인용하는데, 이튼렌즈 연구는 이 식을 공부하는 것으로부터 시작한다.

여러 각도의 이튼렌즈를 전산모사(computer simulation, digital twin)하려면 비선형 방정식을 풀어 굴절률을 구해야 하는데 매우 복잡한 일이다. 이 복잡함을 견디다 못한 내가 2012년 논문에서 비선형 방정식을 풀어 근사해를 구해 놓았는데 매우 간단하면서도 오차가 아주 적어 전산모사하는 사람은 모두 이 근사해를 쓴다.

광학실험은 기본적으로 2차원 실험으로 광학대 위에서 줄과 각을 정확히 맞추는 것이 중요하다. 이를 라이닝이라고 하는데 광학실험의 많은 시간을 차지한다. 라이닝에 미세한 오류만 나도 측정 결과에 큰 문제가 발생하므로 실험 중에 옆에 사람이 지나가도 미세하게라도 흔들리지 않도록 무거운 금속으로 만든 광학대를 사용한다. 이튼렌즈는 [

2 Sang-Hoon Kim, "Retroreflector approximation of a generalized Eaton lens," J. of Modern Optics, Vol. 59(9), 839-842 (2012); Sang-Hoon Kim, "Analytic solution of the generalized Eaton lens," Vol. 68(3), 143 – 145 (2021).

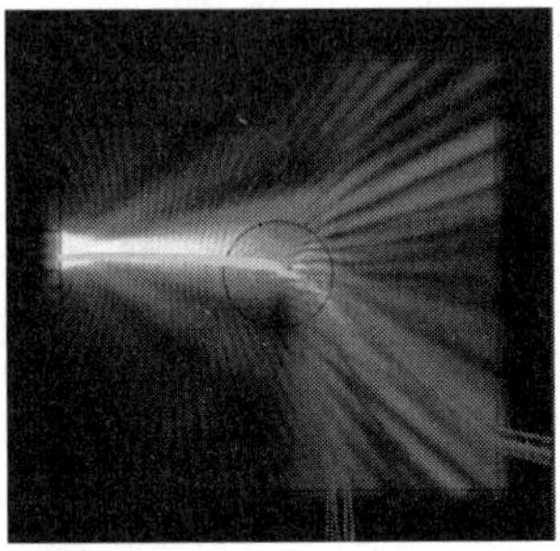

| 그림 3 | 이튼렌즈에 입사한 빛이 45도와 90도로 나뉘어 나오는 모습의 전산모사[3]

그림 3]처럼 입사한 빛을 원하는 각도로 휘어 나오게 할 수 있고, 하나의 빛을 프리즘처럼 서로 다른 각도로 나누어 보낼 수도 있다. 따라서 광학대 위에서 어렵게 거울의 각을 맞출 필요 없이 원하는 각도의 이튼렌즈에 빛을 보내면 저절로 원하는 각도로 굴절되어 나온다. 나아가 각도 튜닝이 가능한 이튼렌즈가 개발된다면 아예 희망하는 굴절 각도를 렌즈에 숫자로 입력할 수 있는 시대가 올 것이다,

나아가 3차원 구형 이튼렌즈도 만들 수 있다. 3차원인 경우는 빛을 평면이 아니라 상하 원하는 각도로 보낼 수 있다. 3차원 좌표는 2개의 각이 필요하므로 렌즈에 2개의 각을 숫자로 입력하여 굴절되어 나가는 빛의 방향을 3차원으로 조절할 수 있다.

이 3차원 이튼렌즈 기술이 구현되면 광학실험을 반드시 2차원 평면에서 할 필요 없다. 광학 실험을 3차원 공간에서 할 수 있는 길이 열려 현재 같은 광학대도 필요 없어질 것이다. 3차원에서 광학실험이 가능하지면 광학은 이전에 볼 수 없었던 놀라운 결과들을 양산할 것이다.

3 이충근, 김상훈, "미래의 이튼렌즈," 새물리, 62(9), 984-987 (2012).

17 / 음향 룬버그렌즈와 차세대 소나 기술

물속에서 소리를 듣는 소나는 1차 세계대전 중에 물속의 잠수함을 찾기 위해 개발되었으므로 나온 지가 백 년이 된다. 소나는 지금까지 엄청난 발전을 이루었으나 기본 원리는 똑 같다. 수중마이크를 여러 개 배열하여 각각의 마이크로 들어오는 음파의 위상을 비교하여 음원의 방향을 알고, 두 개 이상의 방향으로부터 그 사잇각을 이용하여 음원의 거리를 아는 것이다. 그런데 대부분의 기술은 백 년이 지나면 수명이 다하여 더 높은 단계로 진화한다.

메타렌즈들 중에 룬버그렌즈(Luneburg lens)가 있는데 입사한 파동을 렌즈 반대편 가장자리에 수차(aberration, 초점이 한 곳에 모이지 않고 흩어지는 현상) 없이 완벽히 한 점에 모아 신호의 크기를 증폭할 수 있다. 그러면 파동의 방향과 세기를 동시에 읽을 수 있어 마치 사람의 눈과 비슷한 역할을 한다.

2014년에 [그림 1]과 같은 음향 룬버그렌즈를 만들어 국제소음진동학회에서 발표하였는데 이것이 세계 최초의 음향 룬버그렌즈 구현이

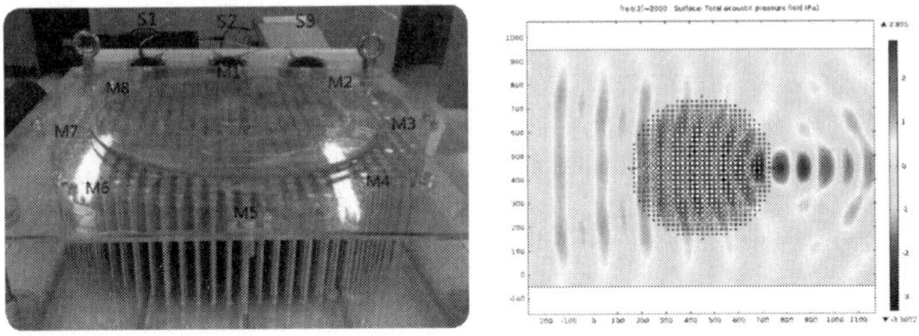

| 그림 1 | 2014년에 발표한 701개의 알루미늄 기둥으로 만든 세계 최초의 음향 룬버그렌즈와 그의 전산모사.[1]

다. 원통형으로 지름이 각기 다른 701개의 알루미늄 기둥을 조합하여 만들었으며 1.5~ 2.5 kHz 구간의 가청주파수 음파를 모았다.

음향 룬버그렌즈 제작은 마치 콜럼버스의 달걀과 같아, 처음 만들기가 어렵지 만들어 놓고 보니 매우 단순하여 고도의 전문지식이 필요한 것이 아니라 상상력과 사고력의 영역이었다. 이후 음향 룬버그렌즈는 응용 범위가 넓어 국제적으로 많은 연구가 이루어지고 있는데 대부분 3차원 프린터로 제작하여 초음파 영역에서 작동시킨다.

나이가 50대가 되니 30~40대 원자물리를 연구할 때의 정교한 계산 능력이 떨어져 연구도 계산능력이 아닌 사고력 중심으로 해야 했다. 만일 젊은 대학원생이 있었다면 함께 연구하여 계산능력을 보완할 수 있으나, 혼자 연구해야 하는 상황에서는 나이에 맞게 연구 분야에 적응해야 연구를 이어갈 수 있다.

2차원 렌즈는 옆으로 오는 음파만 읽을 수 있으나 3차원으로 만들면 (acoustic Luneburg ball) 모든 방향에서 오는 음파를 전류 신호로 바꿔 영

---

1 https://ieeexplore.ieee.org/document/6948561
https://arxiv.org/pdf/1409.5489.pdf

상으로 변화시켜 눈으로 볼 수 있다.

물고기는 옆줄이라는 부르는 비늘이 물속 음파의 세기와 방향을 감지하여 1차원 소나라 한다. 악어는 주둥이에 미세한 구멍이 넓게 뚫려 있어서 각 구멍으로 들어오는 음파를 서로 비교하여 어디에서 소리가 왔는지를 아는데 이를 2차원 소나라 하는데 현재 인간의 소나가 이 수준이다.

반면에 돌고래는 30~40 kHz의 초음파를 만들어 보내고 받을 수 있어서 100 m 거리에서 2~3 cm 크기의 물체를 식별할 수 있는 능력을 갖췄는데 이를 3차원 소나라 할 수 있다. 음향 룬버그렌즈를 사용하면 수중에서 돌고래처럼 물체를 볼 수 있어 해저 음향창을 만들 수 있다.

20세기가 주로 공기 중에 건물을 짓는 시대였다면 21세기는 물속에 건물을 짓는 시대가 될 것이다. 그런데 물속에 건물을 지으려고 해도 태평양의 평균 수심이 4 km인데 단 100 m만 들어가도 깜깜하여 앞이 거의 안 보인다. 해저를 배경으로 한 SF 영화를 보면 수심이 수백 미터도 더 되는데 유리창 밖에 선사시대 상어나 고래가 돌아다니는 것을 볼 수 있다. 하지만 실제로는 100 m 이상 들어가면 아무것도 안 보인다.

해저에서 강력한 전구로 조명을 해도 빛이 물 분자와 강하게 반응하여 멀리 가지 못하기 때문에 수십 미터 이상은 보기 어렵다. 저 밖에 어떤 위험이 존재하는지 알 수 없는 상황에서는 해저 작업이 어렵다. 따라서 소나로 음파를 보내 반사해 돌아오는 영상을 보면서 건축해야 하는데 현재의 소나로는 한계가 있다. 지속해서 소나로 물속 이곳저곳을 지속해서 비춰보면서 작업하기 어렵기 때문이다. 물속에서도 훤히 볼 수 있어야 수중 작업이 가능하다.

이 음향 룬버그렌즈를 이용한 해저 음향창 기술은 빛이 전혀 없는 심해에 카페를 짓고, 그 카페에서 바깥의 해저 경치를 감상하며 차를 마실 수 있는 날을 오게 할 것이다. 단 현재 기술로는 천연색은 아직 구현하지 못한다.

만일 잠수함 표면에 음향창을 설치하면 잠수함 중앙의 음탐실(sonar room)에 앉아 모니터로 해저 지형을 보고 항해하는 것이 아니라, 마치 자동차나 비행기처럼 바깥을 직접 내다보며 항해할 수 있다. 이로부터 백 년 된 현 소나 체계를 근본적으로 바꿀 수 있을 것이다.

18 / 수중 초음파 증폭 기술

2017년부터 2년 동안 모 연구기관과 합동으로 연구비와 장비를 지원받아 수중에서 사용할 수 있는 초음파용 3차원 룬버그렌즈를 개발하게 되었다. 연구의 목적은 해저용이 아니라 병원에서 사용하는 초음파 진단용 의료기기 개발이었다.

물속에서 플라스틱 종류는 물과 음향 임피던스가 비슷하여 진행하는 음파가 그 존재를 인식하지 못하므로 없는 것이나 거의 같다. 따라서 물속에서 음파를 측정하려면 물과 음향 임피던스 차이가 매우 큰 금속으로 만들어야 한다.

또한 금속 렌즈 내부에서는 파동이 굴절되며 진행할 때는 임피던스 변화가 거의 없게 해서 반사파가 생기지 않도록 해야 한다. 그렇지 않으면 렌즈에 들어간 음파의 양은 100인데 나온 양은 10밖에 안 되는 일도 발생할 수 있다. 따라서 렌즈를 많은 세포로 나누어 점층식(layered method)으로 만들어야 한다.

[그림 1]은 공기 중 3차원 룬버그렌즈 실험 장치인데 음파를 받는 마

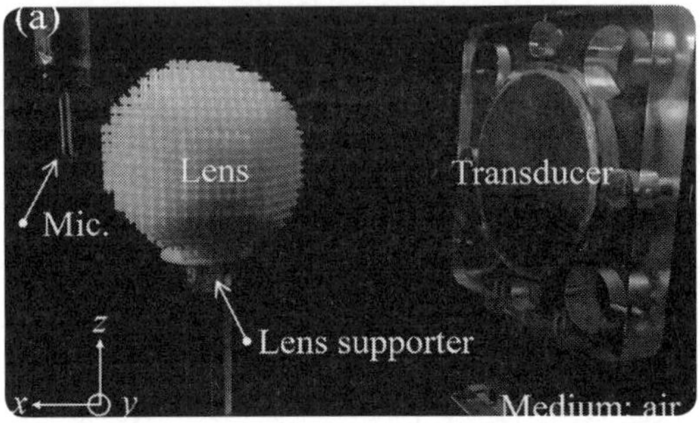

| 그림 1 | 플라스틱으로 만든 공기 중 3차원 음향 룬버그렌즈와 측정 장치.[1] 공기 중에서는 플라스틱으로 만들어도 공기와 임피던스 차이가 커서 작동한다.

이크도 3차원, 즉 세 축으로 움직인다. [그림 2]가 금속으로 만든수중 초음파용 3차원 음향 룬버그렌즈다. 3차원이라도 구형(sphere)과 타구형(ellipsoid)있어 각각 만들었다. 타구형에도 두 축의 비에 따라 럭비공 모양과 팬케이크 모양이 있다.

금속 3차원 프린터로 만들었는데 요즘은 3차원 프린터 덕에 못 만드는 것이 없다. 소형 선박의 프로펠러도 금속 3차원 프린터로 만든다.

나는 일을 시작하면 가능한 한 빨리 하는 성격이고, 늦는 것을 매우 싫어하여 대부분 일정보다 먼저 마친다. 2017년에 연구를 마쳤는데도 발표 허락이 나지 않아 발표를 못 하고 있었는데, 다음 해인 2018년에 미국 노스캐롤라이나 대학의 쿰머(Cummer) 교수 연구단이 플라스틱으로 공기 중 사용이 가능한 3차원 음향 룬버그렌즈를 최초로 만들었다고 발표했다. 이후에도 발표 허락이 나지 않았는데 2020년에야 허락이 나서 2021년부터 논문으로 발표하였다.

1 J.-W. Kim, et al,, "Acoustic imaging by three-dimensional acoustic Luneburg meta-lens with lattice columns," Applied Physics Letters, Vol. 118, p. 091902(1-6) (2021).

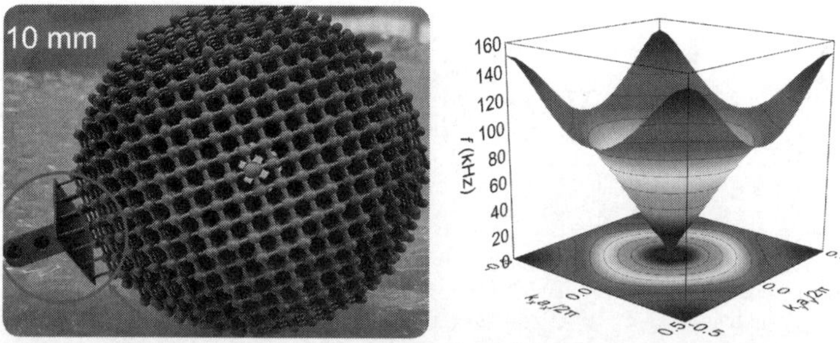

| 그림 2 | 2022년에 발표한 텅스텐 합금으로 만든 최초의 수중 초음파용 3차원 음향 룬버그렌즈와 그의 전산모사.[2] 수중에서 작동하려면 물과 음향 임피던스 차이가 큰 금속으로 만들어야 한다.

최초의 3차원 음향 룬버그렌즈 개발은 미국으로 넘어갔지만 별로 서운하지 않다. 아무리 좋은 기술을 가졌다고 해도 연구비와 장비 지원이 없으면 구현할 수 없고 결국 헛된 망상이기 때문이다.

또 하나는 대학교 때 은사이신 故 박OO 교수님의 가르침 때문이다. 박OO 교수님은 학생이 논문을 써오면 그 논문 위에 가져온 날짜를 적은 후 학생에게 딱 1년 후에 오라고 하셨다. 1년 후에 보아도 좋은 논문이면 정말로 좋은 연구결과이니 그때 발표하자는 말씀이셨다.

이에 대하여 "이 연구결과를 그 사이에 다른 사람이 발표하면 어떻게 합니까?"라고 물을 수 있는데, 이에 대해서도 명쾌하게 답변하셨다. "1년 이내에 다른 사람도 할 수 있을 정도의 연구결과라면 대단치 않은 것이다."

2 J.-W. Kim, et al, "Three-dimensional acoustic metamaterial Luneburg lenses for broadband and wide-angle underwater ultrasound imaging," Mechanical Systems and Signal Processing, Vol. 179, p. 109374 (2022).

19 / 풍압 자율 조절형 풍력발전기

풍력에너지는 풍속의 세제곱에 비례하는데 그 이유는 다음과 같다. 풍력에너지는 풍력 타워의 날개(블레이드) 면에 미치는 풍압에 공기 부피를 곱한 값이다. 풍압은 운동에너지처럼 풍속의 제곱에 비례한다. 공기의 부피는 회전하여 만드는 면적에 두께를 곱한 값인데, 면적은 날개에 의해 결정되는 고정값이고, 두께는 풍속에 비례한다. 따라서 풍력에너지는 이 둘을 곱하므로 풍속의 세제곱에 비례한다.

풍속이 2배로 빨라지면 만들어지는 에너지는 8배가 되니 풍속이 클수록 발전이 잘 되느냐 하면 꼭 그런 것은 아니다. 풍속이 너무 크면 날개와 풍력타워 맨 위에 있는 발전기가 들어있는 나셀(Nacelle)이 큰 부담을 안게 되고 심하면 파손될 수도 있다. 따라서 태풍이 불면 날개를 접거나 나셀 방향을 바꿔 날개의 회전을 중단시킨다.

풍력 타워는 [그림 1]처럼 날개 길이가 50 m를 넘는 것도 있는 등 건설비가 막대하여, 한 번 건설하면 적어도 10년은 발전을 해야 경제성이 있다. 정지해 있다가 날개를 처음 돌릴 때는 전력을 사용하는데,

| 그림 1 | 미국 제너럴 일렉트릭사의 3 MW급 풍력발전기.[1] 가운데 검은 점이 사람이라 날개의 크기를 짐작할 수 있다.

너무 풍속이 작으면 경제성이 없고, 너무 크면 발전기 보호를 위해 날개를 돌리지 않는다. 태풍 에너지가 아깝지만 어쩔 수 없다.

모든 풍력발전기는 발전에 사용할 수 있는 풍속 범위가 있는데, 날개와 발전기의 규모와 종류에 따라 다르지만 대략 3~25 m/s 구간에서 사용한다. 그리고 발전에 가장 좋은 최적 풍속이 있는데 이 역시 발전기 종류에 따라 다르지만 대략 10~12 m/s 다.

해상풍력을 전공하는 아들에게 "그러면 풍속과 관계없이 날개가 항상 최적 속력으로 돌아가도록 하면 될 것 아니냐?"고 물었다. 그러자 아들이 "아니, 풍속이 작으면 천천히 돌아가고 크면 빨리 돌아가는 것이지 어떻게 전력을 쓰지도 않고 항상 최적 풍속으로 돌아가게 할 수 있느냐?"고 했다. 아버지가 해상풍력에 무지하여 그런 이야기를 한다는 것이다.

나는 그 원리를 간단히 설명하였다. 한마디로 태풍이 와도 전력을 생산할 수 있는 풍력발전기술이다. 내 옆에서 이 원리를 듣던 아내가,

---

1 https://www.gevernova.com/wind-power/onshore-wind

"아, 그것 될 것 같다."라고 하였다. 그리고 부자간에 한 번 함께 해보라고 하였다. 아내가 정말로 내 설명을 이해했는지는 알 수 없으나 결혼 후 지금까지 내가 하는 일에 긍정적인 이야기를 해본 적이 거의 없던 아내가 긍정적인 이야기를 해서 매우 놀랐다.

아직 특허를 출원하지 않아 이 기술에 대해 구체적인 이야기를 할 수는 없으나 예로부터 "큰 지혜는 어리석게 보인다."라고 했다.

학생들이 특허 기술은 어디에 있냐고 묻는 경우가 있다. 내 대답은 항상 같다. "특허 기술은 이 세상에 가득 차 있다. 1년에 1개씩만 꺼내 쓰면 충분하다."

20 / 영혼의 구원자

내 연구 과정에서 나온 약간의 실적들은 모두 다 내 스승들의 흔적이다. 대학을 졸업하고 대학원 석사과정에 들어가 1학기 후에 지도교수를 결정하는데 대학 학점이 낮아 어느 교수님도 나를 받아주시려 하지 않았다. 이때 이민호 교수님이 나를 받아주셨고, 석사 졸업 후에 갈 곳이 없을 때 나를 당신께서 졸업하신 미국 대학의 물리학과 박사과정에 유학시켜 주셨다.

유학 중 원자로 연구소에서 사고를 내는 등 만족하지 못한 연구 생활로 실험실에서 쫓겨나 떠돌아다닐 때 故 드파시오 교수님께서 나를 거두어 주셨다. 논문에 더 쓸 것이 없어 고민하는 나를 보고 "논문이란 짧을수록 좋은 것이다."라고 가르쳐 주셔서 이후 내 논문들은 대부분 짧다. 미국 물리학회지에 단 한쪽의 정식 논문을 낸 적도 있다.[1]

내가 계산 착오를 새로운 결과인 양 착각하고 있을 때 공동 지도교

1 Sang-Hoon Kim, "Maximum thickness of a two-dimensional trapped Bose system," Physical Review A, Vol. 61, pp.15602 (2000).

수이셨던 비니얄리 교수님은 "논문이란 한 번 인쇄되어 나오면 거두어드릴 수 없다."라고 말씀하셨고 나중에 착오를 찾았다. 이후 혁신적인 연구결과일수록 흥분하지 않고 충분히 기다리는 습관이 생겼다.

한국에 돌아와 OOO대에서 연구를 하는데 OOO 교수님께서 말씀하셨다. 박사 구두시험을 치는데 왜 빛은 매질이 적을수록 빠르고, 소리는 매질이 많을수록 빠른가를 설명하였다. 그리고 심사위원의 질문을 받는데 한 심사위원이 묻기를, "자네 결혼했는가?"였다. 이상하게 생각하고 "예, 했습니다."라고 하였더니, "자네 부인은 어디서 무엇을 하고 있는가?"하고 다시 물으셨다. "집에서 살림하고 있습니다."라고 했더니 또 다시 물으셨다. "자네 부인에게 설명한다고 생각하고 다시 해보게." 이 정도 설명 못 하면 아직 이해가 충분하지 않다는 뜻이다.

이후 나는 복잡한 물리일수록 수식을 피하고 그림과 말로써 설명하게 되었는데, 지금까지도 내 모든 수업은 대부분 칠판에 그림을 그리는 것이다.

2006~2007년에 호주의 수도 캔버라에 있는 호주국립대학에 1년 동안 가 있었다. 어느 날 인도 출신 호주인인 다스 교수님과 간디 이야기를 하게 되었다. 대화 중에 내가 간디도 노벨상을 못 받았다고 하자, 다스 교수님께서 화를 내시며, "간디가 그런 백인들이 주는 상이나 받을 사람으로 생각하는가?" 하셨다. 그리고 말씀하시기를, "네가 앞으로 연구 활동을 하는데 꼭 명심해야 할 것이 있다. 상, 특히 백인들이 주는 상 좋아하지 마라. 연구 성과를 내서 세상에 도움이 되면 그것이 곧 상이다." 하셨다. 다스 교수님께서 내 영혼을 구하셨다.

찾아보기

ㅊ

ㅋ

ㅌ

ㅍ

ㅎ

저자와
협의에
의해 인지를
생략함

과학의 숨은 시간

초판 1쇄 인쇄 | 2024년 9월 1일
초판 1쇄 발행 | 2024년 9월 5일

지은이 | 김상훈
펴낸이 | 조승식
펴낸곳 | (주)도서출판 북스힐

등 록 | 1998년 7월 28일 제22-457호
주 소 | 서울시 강북구 한천로 153길 17
전 화 | (02) 994-0071
팩 스 | (02) 994-0073

홈페이지 | www.bookshill.com
이메일 | bookshill@bookshill.com

정가 17,000원

ISBN 979-11-5971-617-1

Published by Books Hill, Inc. Printed in Korea.